UMWELTGEOCHEMISCHE UNTERSUCHUNGEN AN BERGWERKSHALDEN DER STEIERMARK (ÖSTERREICH)

von

Ing. Mag. Andreas KUDJELKA

Andreas Kudjelka

UMWELTGEOCHEMISCHE UNTERSUCHUNGEN AN BERGWERKSHALDEN DER STEIERMARK (ÖSTERREICH)

ibidem-Verlag
Stuttgart

Bibliografische Information Der Deutschen Bibliothek

Die Deutsche Bibliothek verzeichnet diese Publikation in der Deutschen Nationalbibliografie; detaillierte bibliografische Daten sind im Internet über <http://dnb.ddb.de> abrufbar.

∞

Gedruckt auf alterungsbeständigem, säurefreien Papier
Printed on acid-free paper

ISBN: 3-89821-320-X

Printed in Germany

Zusammenfassung

Im Bereich des Arzwaldgrabens und der näheren Umgebung von Rabenstein im Grazer Paläozoikum (Steiermark) wurden bis in die 20-iger Jahre des 20. Jahrhunderts Pb-Zn Erze bergmännisch gefördert. Durch diese Bergwerkstätigkeit entstanden zahlreiche Abraum- und Schlackenhalden. In dieser Studie soll nun der umweltrelevante (geochemische) Einfluss durch jene Erzhalden untersucht werden.

Spurenelementen wie Pb, Zn, Cd etc. kommen aus ökotoxikologischer Sicht eine wichtige Rolle zu. Diese stellen pflanzenphysiologische Gifte dar, die zum Teil bereits in Konzentrationen von einigen ppm hochtoxisch wirken können. In Ökosystemen können Untersuchungen an speziellen Spurenelementen, Aussagen zu deren Transport und Akkumulation innerhalb des Systems Boden/Pflanze geben.

Alle Pflanzen decken ihren Bedarf an Hauptnährelementen (H, C, N, O, P, S, K, Ca, Mg, Fe) aus der Luft und vor allem aus dem Boden. Einerseits werden auch essentielle Spurenelemente (Mn, Zn, Cu, Mo etc.) aus der Bodenlösung aufgenommen, andererseits kann es, durch ein zu großes Angebot dieser, zu physiologischen Schädigungen – bis zum Absterben – kommen. Aus diesem Grund sollten Flächen, auf denen durch anthropogen/geogene Einträge (Erzausbisse, Bergwerkshalden, ...) mit einer möglicherweise toxischen Fracht zu rechnen ist, entsprechend beobachtet werden; dabei ist auch der Eintrag über die Atmosphäre zu berücksichtigen.

Geländeuntersuchungen

- Geologische Begehungen
- Pedologische Untersuchungen
- Floristische Aufnahmen
- Forstökologische Untersuchungen
- Probennahme

Chemische Analyse der Proben

- pH-Wert, organischer Kohlenstoffgehalt und Karbonatgehalt der Bodenproben
- Gesamtgehalte (Totalaufschlüsse) der Pflanzenproben und Messung der Spurenelemente und dadurch Quantifizierung der Aufnahme von Schadelementen in den Pflanzenkörper
- Gesamtgehalte (Totalaufschlüsse) in Böden und Gesteinen von Hauptnährelementen und Spurenelementen und dadurch chemische Charakterisierung der Böden
- Extraktionen der Bodenproben mit NH_4NO_3, NH_4OAc, EDTA und DTPA daraus Ermittlung von Pflanzenverfügbarkeit und Mobilität

Die im Haldenbereich ermittelten Gesamtgehalte und die Mobilitätsverhätltnisse von Blei, Zink und Cadmium stellen eine potentielle Belastung für den sich bildenden Boden dar. Die Daten deuten eher auf eine starke Bindung der Elemente im Boden als auf hohe Bioverfügbarkeit hin, trotzdem erkennt man an den Pflanzenproben, dass es teilweise zur starken Aufnahme von Schwermetallen in diese Pflanzen kommt. Einerseits zeigt der Schwermetallakkumulator *Cardaminopsis halleri* Extremwerte, andererseits sind einige Fichtennadelproben als sehr stark belastet anzusehen.
Die Gehalte im Boden überschreiten die Toxizitätswerte nach EIKMANN-KLOKE für nichtagrarische Ökosysteme zum Großteil deutlich. Da die Probenflächen durchwegs forstwirtschftlich genutzt werden ist aber ein Eintrag der Schwermetalle in die Nahrungskette über landwirtschaftliche Produkte auszuschließen.

EINLEITUNG

Schwermetalle sind natürliche Bestandteile der Ausgangsgesteine und deshalb in unterschiedlichen Konzentrationen sowie Elementverteilungen in allen Böden vorhanden. Lokal und regional können die durchschnittlichen Schwermetallgehalte in Böden und Gesteinen deutlich überschritten werden. In diesen Fällen spricht man von einer Schwermetallanreicherung.

Solche Schwermetallanreicherungen in Böden können auf unterschiedliche Ursachen zurückgeführt werden:

a) Im Bereich geochemischer Anomalien können Schwermetalle in beträchtlichen Konzentrationen bis zur Abbauwürdigkeit (Lagerstätte) angereichert sein. Der Boden „ererbt" die Schwermetallgehalte des Ausgangsgesteins (*lithogene Schwermetallanreicherung*).

b) Bodenbildende Prozesse (Verwitterung, Verlehmung, vertikaler oder lateraler Transport) führen zu einer Ab- und Anreicherung von Schwermetallen in den Bodenhorizonten (*pedogene Schwermetallanreicherung*).

c) Durch vielfältige menschliche Aktivitäten wie z. B. Emissionen bei Erzabbau und -verarbeitung, Verkehr, Siedlungsabfälle etc. werden Schwermetalle aus ihren ursprünglichen Bindungen entfernt, umgewandelt, verbreitet und gelangen schließlich in den Boden (*anthropogene Schwermetallanreicherung*).

In der vorliegenden Studie werden anthropogene Schwermetallanreicherungen betrachtet, die durch die Bergwerkstätigkeit vergangener Jahr-hunderte in der Steiermark entstanden sind. In den Arzberg-Schichten des Grazer Paläozoikums existieren Pb-Zn-Vererzungen, die teilweise bergmännisch abgebaut wurden. Hierbei kam es zur Aufschüttung von Bergbauhalden, die erhöhte Schwermetallgehalte in ihren Böden und im Haldenmaterial aufweisen.

Entscheidend für die Umweltrelevanz dieser lokalen Anreicherungen sind außer hydrogeologischer und geotechnischer Parameter (Haldenform, Schüttdichte, etc.) die Art der Bindung der Schwermetalle und somit ihre Pflanzenverfügbarkeit und Mobilität in den Böden der Halden.

Diese Arbeit betrachtet die Halden der Bergbaureviere Rabenstein und Arzwaldgraben – beide im Gemeindegebiet Frohnleiten (Steiermark) gelegen.
Außer der chemischen Analyse werden zur gesamtökologischen Interpretation auch floristische, forstökologische und pedologische Auswertungen heran-

gezogen. Vor allem soll ein Weg der Schwermetalle vom Boden in die Pflanze aufgezeigt werden.

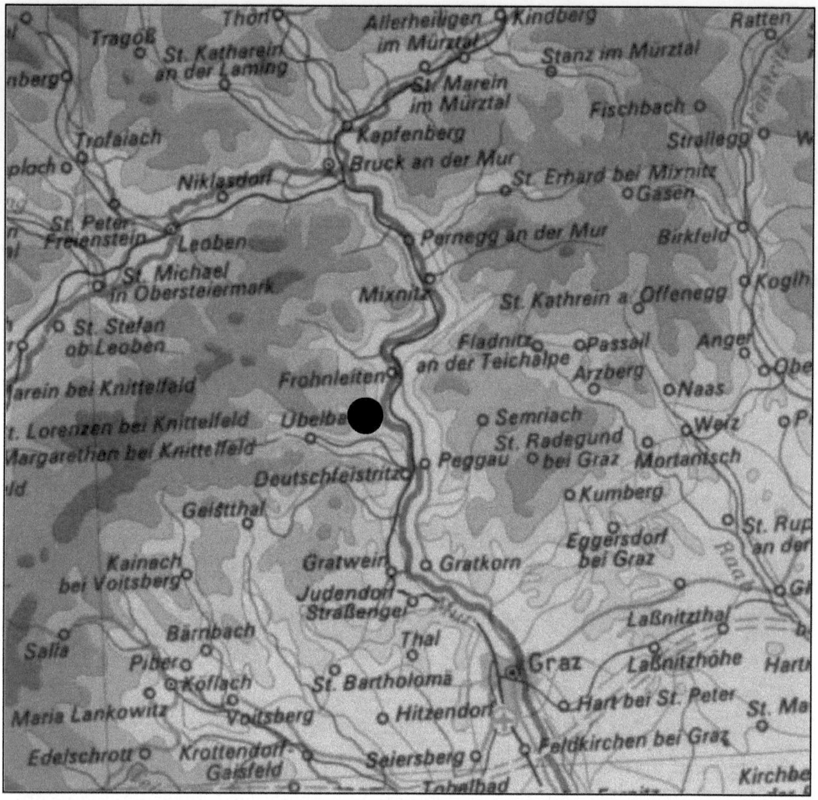

<u>Karte E.1:</u> Probennahmegebiet in der Steiermark (Punkt in der Mitte)

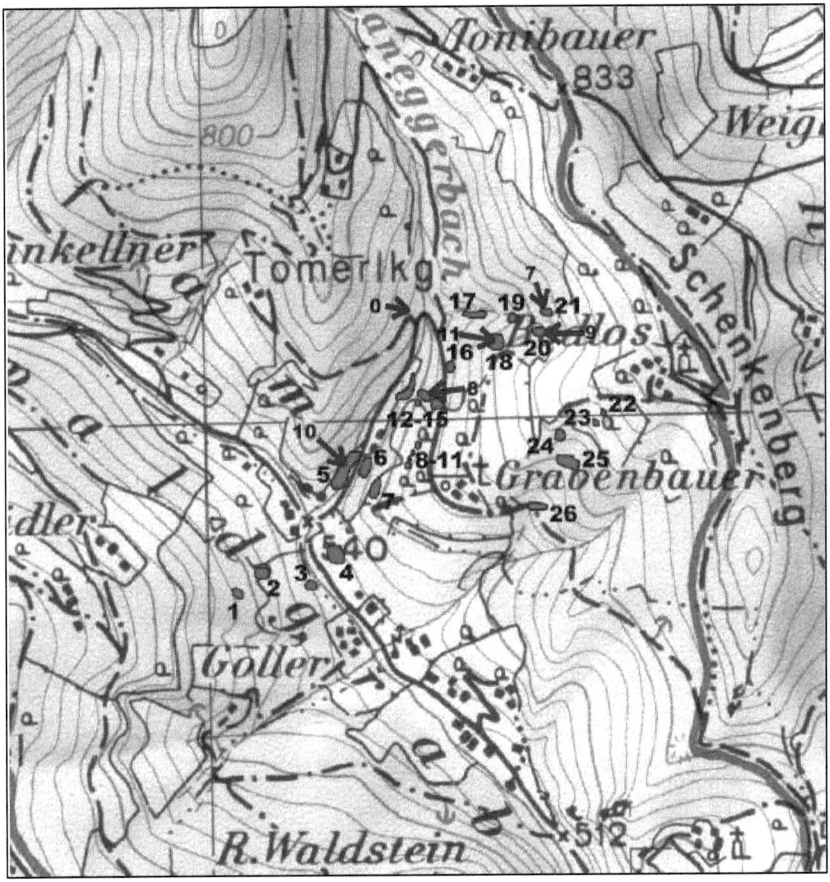

<u>Karte E.2:</u> Arzwaldgraben Revier
dunkelgraue Flächen bezeichnen Haldenbereiche
Ziffern bezeichnen Halden(-nummern) [siehe Anhang]
Pfeile bezeichnen Profile (mit Nummern) [siehe Kapitel 4]

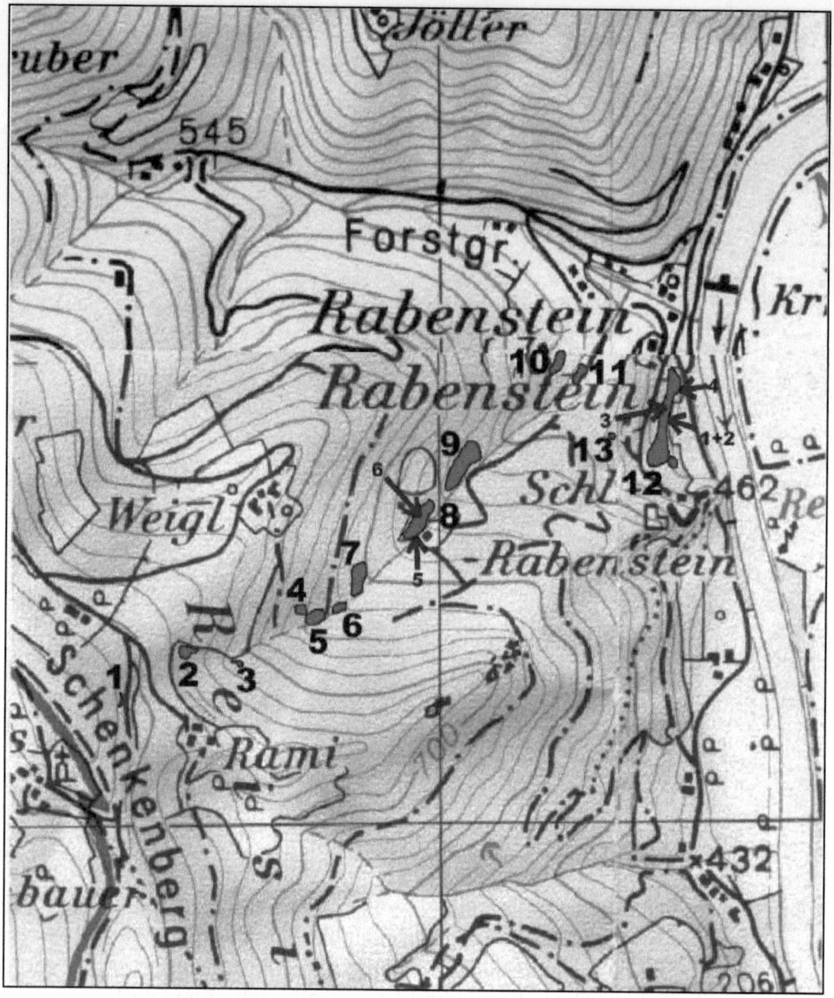

Karte E.3: Rabensteiner Revier
dunkelgraue Flächen bezeichnen Haldenbereiche
Ziffern bezeichnen Halden(-nummern) [siehe Anhang]
Pfeile bezeichnen Profile (mit Nummern) [siehe Kapitel 4]

1. PROBENNAHMEGEBIET

Der Bergbau Rabenstein liegt etwa 2,5 km südwestlich von Frohnleiten. Die Haupteinbaue befinden sich westlich der Burg Rabenstein in einem von Süden in den Forstgraben einmündenden Seitengraben. Der Standort der ehemaligen Aufbereitungsanlage liegt unmittelbar am Murufer unterhalb der Burg.

Das Bergbaurevier Arzwaldgraben liegt im Einzugsgebiet des Arzbaches westsüdwestlich des Bergbaues Rabenstein. Beide Reviere stehen in geologisch-lithologischem Zusammenhang. Der Schwerpunkt der Abbautätigkeit lag in den Einbauen entlang des Haneggerbachs (Kohlbachgraben), einem orographisch linken Seitenbach des Arzbachs, der etwa 2 km nördlich von Waldstein in diesen mündet. Die Einbaue reichen von 540 m bis auf 720 m Seehöhe.

1.1. REGIONALE GEOLOGIE

1.1.1. Genese der Blei-Zinklagerstätten im Grazer Paläozoikum

Eine umfassende Beschreibung der Blei-Zink-Vererzungen im Grazer Paläozoikum, ihres geologischen Rahmens sowie der ehemaligen Bergbaue findet sich in einer im Archiv für Lagerstättenforschung der Geologischen Bundesanstalt publizierten Arbeit (WEBER 1990). Diese basiert im wesentlichen auf den Ergebnissen der im Zeitraum zwischen 1974 und 1985 durchgeführten Prospektions- und Explorationsarbeiten der Bleiberger Bergwerks-Union. Die zitierte Arbeit enthält auch eine ausführliche Zusammenstellung älterer Ansichten über die Entstehung und die altersmäßige Einstufung der Blei-Zink-Vererzungen.

Das grundlegende Bild vom tektonischen Bau des Grazer Paläozoikums wurde von FLÜGEL (1958) entworfen und ist trotz zahlreicher Überarbeitungen nach wie vor gültig. Von besonderer Bedeutung für die Position der Erzvorkommen ist die tektonische Struktur der Schöckeldecke mit einer flach lagernden, nordwestvergent überschlagenen Falte. Die stratigraphisch unter den Schöckelkalken liegenden erzführenden Schiefer gelangten durch die Isoklinalverfaltung auch über diese. Die über den Kalken liegenden Schieferabfolgen wurden bereits von HERITSCH (1917) als "Obere Schiefer" bezeichnet und den normal liegenden "Unteren Schiefern" gegenübergestellt. Als fernüberschobene Einheit liegt über der Schöckeldecke die Rannachdecke. Die stratiformen Blei-Zink-Vererzungen sind faziell innerhalb der Schöckeldecke an die unterdevonischen Arzberg-Schichten gebunden. Dabei handelt es sich um Sedimente einer Beckenfazies, die durch die Eintiefung des Beckens als Folge von Rifting-Prozessen gebildet wurden (WEBER 1990). Die Vererzungen entstanden submarin-sedimentär durch hydrothermale Aktivität über einem stark gegliederten Relief.

Die Bildung von Sulfiden war auf relativ kleinräumige, wannenartige Beckenbereiche beschränkt, während am Beckenrand Sulfate abgelagert wurden. Als typische Sedex-Lagerstätten entsprechen die barytführenden Blei-Zink-Vererzungen in Form und Inhalt den Typus-Lagerstätten Meggen (WEBER 1990). Die epizonal metamorphen Arzberg-Schichten setzen sich vom Liegenden zum Hangenden im wesentlichen aus Chloritschiefern, Serizitschiefern, Karbonatschiefern, Kalkmarmoren und Schwarzschiefern zusammen. Nach WEBER (1990) sind innerhalb dieser Schichtfolge mindestens drei Lagervererzungen eingeschaltet:

- Das Liegendlager setzt in Chloritschiefern auf und besteht im wesentlichen aus Baryt.
- Das Mittellager im Grenzbereich zu Kalkmarmoren führt neben Baryt auch Bleiglanz und Zinkblende.
- Die Hangendlager liegen in Schwarzschiefern und enthalten ausschließlich Sulfide.

Die Erzparagenese setzt sich hauptsächlich aus silberhältigem Bleiglanz, eisenhältiger Zinkblende und strontiumarmem Baryt zusammen. In Zinkblenden und Bleiglanzen treten inhomogen verteilt Pyrit – der auch disseminiert im Nebengestein enthalten ist – und Kupferkies auf. Eine weitere charakteristische Mineralkomponente ist Magnetit mit Chromiteinschlüssen in den Grünschiefern unter dem Liegendlager. (KÜRZL 1979). Charakteristische Veränderungen als Folge der Einwirkung hydrothermaler Lösungen sind die Silizifizierung und Albitisierung des Nebengesteins (WEBER 1990).

1.1.2. Petrologie der Beckenentwicklung (Tonschieferfazies)

Die Passailer Gruppe sensu EBNER & L. WEBER (1978) setzt sich aus den Passailer-Schichten und den Arzberg-Schichten zusammen. Beide Schichtkomplexe werden durch den Hundsbergquarzit voneinander getrennt.

Die Passailer Gruppe wird als epizonale, vulkanogen-sedimentäre Entwicklung von Silt- und Tonschiefern mit Einschaltungen von Sandsteinen und basischen Effusiva verstanden, jedoch zählen beide die über den Passailer-Schichten situierten Arzberg-Schichten zu den Gesteinen der Schöckelgruppe. Die Meinung von EBNER & L. WEBER (1978) die Arzberg-Schichten zu der Passailer Gruppe zu stellen erscheint logisch, zudem sowohl die Passailer-Schichten als auch die Arzberg-Schichten die gleiche Entwicklungsgeschichte aufweisen und das Ergebnis einer Sedimentabfolge der Beckenfazies darstellen, welche die Folge der einzelnen Riftingprozesse sind, die an der Grenze Silur-Devon einsetzten. Die Beobachtung, dass es mit zunehmender stratigraphischer Höhe zu vermehrten Einschaltungen von (karbonatischen) Schwarzschiefern kommt, läßt auf den vererzungsrelevanten Milieuwechsel schließen. Weiters wurde durch detaillierte Geländeaufnahmen, die im Bereich von Zitoll bei Deutschfeistritz durchgeführt wurden, gezeigt, dass die Oberen Schiefer von den Schöckelkalken tektonisch begrenzt werden. Darüberhinaus wurden im Bereich des Schöckelkalkzuges zwischen Rabenwald, dem Arzwaldgraben und Guggenbach Kartierungen durchgeführt, die eindeutig belegen, dass hier die Schöckelkalke samt Karbonatquarziten tektonisch von den Unteren und Oberen Schiefer getrennt vorliegen.

Die Mächtigkeit der Schichtfolge der Passailer Gruppe ist im Bereich von Passail/Arzberg am stärksten ausgeprägt und nimmt gegen Westen im stratigraphischen Umfang kontinuierlich ab, sodass im Bereich von Peggau-Taschen bzw. Schrems-Rechberg nur noch die Arzberg-Schichten anzutreffen sind. Auch im Bereich westlich der Mur sind lediglich die Arzberg-Schichten ausgebildet. Die Blei-Zink-Vererzungen des Grazer Paläozoikums sind ausschließlich an die Arzberg-Schichten gebunden. Im Westen bestehen die Passailer-Schichten vorwiegend aus Grünschiefern (Chloritschiefern, Metabasalten) und Schwarzschiefern (teilw. kalkig). Die Passailer-Schichten und die Arzberg-Schichten werden durch den durchwegs mehrere Zehnermeter mächtigen Hundsbergquarzit voneinander getrennt. Die Abfolgen der Arzberg-Schichten bestehen im Westen aus Grünschiefern Serizitschiefern (teilweise kalkig), Kalkrippen, serizitführenden Kalk-(Dolomit-)schiefern und wechselnd karbonatischen Schwarzschiefern.

Petrographisch treten keine signifikanten Unterschiede zwischen den Gesteinsabfolgen der Passailer-Schichten und der Arzberg-Schichten auf. Dies hat zur Folge, dass die petrographischen Beschreibungen gemeinsam erfolgen können.

a) Grüngesteine mit Formrelikten

Grüngesteine mit Formrelikten sind innerhalb der Arzberg-Schichten in verschiedenen stratigraphischen Positionen nachgewiesen worden. Sie sind aber keinesfalls an gewisse Horizonte gebunden, sondern treten vielmehr in unterschiedlichsten Mächtigkeiten (max. Zehnermeterbereich) auf und dünnen offensichtlich lateral aus, sodass sie oftmals nur mehr als linsige Einschaltungen anzutreffen sind. Diese Grüngesteine werden vorwiegend als Metabasalte angesprochen.

Neben unverkennbaren Morphologierelikten einer magmatischen Textur sind folgende Formrelikte bereits am Handstück erkennbar und erreichen bis 5 mm Durchmesser:

- Hornblenden

Das Auftreten von Amphibolrelikten, besonders in den zuvor schon angesprochenen Metabasalten, ist mehrfach durch Bohrungen belegt. Die Einsprenglinge sind vorwiegend xenomorph rundlich im Gestein anzutreffen und zeigen nur gelegentlich Andeutungen von Idiomorphien. Die auffallend dunkelgrüne Färbung hebt die Amphibolrelikte, die durchwegs chloritisiert vorliegen, deutlich von der etwas helleren grünlichen Matrix hervor. Die maximale Größe der Hornblendeneinsprenglinge liegt im Bereich von 5 mm, jedoch ist die Mehrzahl der Amphibole im Bereich von 1 mm und darunter ausgebildet.

Im Dünnschliff werden die Amphibole hauptsächlich als aktinolithische Hornblenden eingestuft, die sich durch Uralisation von Pyroxenen gebildet haben, wobei man unter dem Mikroskop des öfteren Pseudomorphosen von Amphibolen nach Pyroxenen erkennen kann.

- Plagioklase

Gesteine mit Plagioklasformrelikten sind eher selten anzutreffen und lassen sich vorwiegend im Bereich südlich von Passail (Hangendes des Hundsbergquarzites) antreffen. Die Feldspatblasten heben sich durch ihre mattweiße Färbung deutlich von der zumeist dunkelgrünen Matrix ab und sind zudem selten in einer Größe kleiner als 1 mm anzutreffen. Weiters ist die wie bei den Hornblendeneinsprenglingen xenomorphe Ausbildung vorherrschend, sodass idiomorphe Individuen nur sehr selten anzutreffen sind. Die Rekristallisierung der Plagioklase erfolgte vorwiegend in Albite, wodurch auch sehr oft

Verzwilligungserscheinungen beobachtet werden können. Jedoch wurde auch vereinzelt beobachtet, dass der Plagioklas vollständig alteriert vorliegt, wodurch er nur mehr schemenhaft zu erkennen ist.

- Karbonatformrelikte

  Eine weitere Formreliktvarietät stellen Karbonate dar. Sie sind in Form von rundlichen bis ovalen Körnern im Gestein anzutreffen. Die Färbung der einzelnen Karbonatrelikte variiert zwischen gelbbraun und braun. Sie liegen vorwiegend in Millimetergröße in der Matrix eingebettet vor, und verleihen durch ihren rundlichen bis ovalen Habitus dem Gestein gesamtbildlich ein körniges Aussehen. Charakteristisch für die im Gestein anzutreffenden Karbonateinschlüsse ist die starke Verzwilligung der einzelnen Karbonatkörner. Die Deutung, dass es sich bei den einzelnen Karbonateinschlüssen um rekristallisierte Hohlraumfüllungen, sogenannte "Mandeln" eines ehemals blasenreichen Vulkanites handelt, ist durchaus zulässig, wenngleich nicht gänzlich bewiesen.

- Formrelikte nach lithischen Fragmenten

  Sie spielen sowohl in ihrer Zahl als auch in ihrer Größe nur eine untergeordnete Rolle. Sie weisen zumeist einen rundlichen Habitus auf und erreichen kaum Größen von mehr als einen Millimeter. Aus der Mineralparagenese der Einsprenglinge (Quarz, Feldspat, Hellglimmer) geht hervor, dass es sich offensichtlich um Kristallinfragmente handeln könnte.

  Diese Gesteinseinschlüsse lassen den Schluss zu, dass es sich bei diesen Gesteinen um Pyroklasite handelt.

b) Grüngesteine ohne Formrelikte

Die Grüngesteine ohne Formrelikte, d. h. frei von erkennbaren Einschlüssen, sind charakteristisch für den Großteil der Grünschiefer des Grazer Paläozoikums Das verschiedentliche Auftreten von helleren, karbonat-quarzdominierten Lagen und dunkelgrünen, Chlorit-Serizit-dominierten Lagen bedingt gelegentlich eine ausgeprägte Lamination der Gesteine. Chlorite können auch in linsigen Lagen in der Matrix eingebettet sein, sodass der optische Eindruck entsteht, das Gestein wäre "gefleckt". Bisweilen sind jene blaugrünen Flecken auch namensgebend für das Gestein **?** "Fleckgrünschiefer". Man vertritt die

Meinung, dass das Gestein aus ehemaligen Tuffen und Tuffiten entstanden ist und somit ein vulkanisches Ausgangsmaterial besitzt.

Ein weiteres Kennzeichen dieser Grünschiefer ist ein optisch gut erkennbarer Lagenbau, der durch die Wechsellagerung von Chlorit, Hellglimmer, gelegentlich auch von Biotit mit Quarz- und Karbonatlagen bedingt ist, und bereits makroskopisch am Gestein auszumachen ist.

Die Chlorite können sowohl mit Serizit verwachsen d. h. zu langen Strähnen miteinander verflochten, oder auch als linsig-flatschige Einschaltungen auftreten, wobei jene linsigen Chlorite durch stark anormale violette Interferenzfarbe gekennzeichnet sind und mit großer Wahrscheinlichkeit Ripidolithe darstellen.

Sehr deutlich sind im Gestein auch die Quarz-Karbonatzeilen erkennbar. Das parallelstreifig angeordnete Karbonat dürfte offensichtlich primär angelegt worden sein. Die einzelnen Karbonatindividuen sind dabei nachträglich rekristallisiert. An vereinzelt, isoliert im Chloritfilz eingebetteten Karbonatkörnern läßt sich unzweifelhaft Korrosion feststellen, die auf eine Umlagerung einzelner Mineralkomponenten hindeutet. Oft sind auch an vereinzelten Karbonatkörnern randliche Eisenhydroxidanlagerungen zu erkennen, die sich in erster Linie auch an den Kristall- und Kluftflächen weiterverfolgen lassen. Weiters können jene Karbonatkörner auch Druckverzwilligungserscheinungen aufweisen, jedoch ist bei den meisten Karbonaten keinerlei Lamellierung zu beobachten.

Der in diesen Grüngesteinen anzutreffende Quarz tritt in erster Linie, wie die zuvor erwähnten Karbonate, in Form lagig angeordneter Individuen auf. Auffallend ist die teilweise stark undulöse Auslöschung der Quarze und die starke mechanische Beanspruchung, deren sie ausgesetzt waren, sodass die Quarze bisweilen kataklastisch zerbrochen vorliegen.

Das Auftreten von Biotit ist sehr selten und wenn dann nur in den Grünschiefern der Arzbergschichten nachgewiesen. Er kann sowohl mit Chlorit und Hellglimmer verwachsen, als auch linsig als sog. "Biotitlinsen" in Erscheinung treten.

Fast ausschließlich an Chlorit gebunden sind feinstverteilte, stark veränderte opake Mineralien, unter ihnen auch Ilmenit und Magnetit. Die meisten Ilmenite sind mit einer dicken schmutziggelben Titanitkruste (Leukoxen) umgeben, sodass unveränderter Ilmenit nur sehr selten in Dünnschliffen auszumachen ist.

Recht häufig und recht gut im Mikroskop zu erkennen sind idiomorphe Pyrite, die aber erst nach den Vererzungsereignissen im Gestein gebildet wurden und daher jüngeren Datums sind.

Der Gehalt an Epidot ist unterschiedlich. Neben Gesteinen mit reicher Epidotführung sind auch epidotarme Varietäten bekannt.

c) Schwarzschiefer (Graphitschiefer)

Die Farbe der Schwarzschiefer der "Erzführenden Serie" schwankt zwischen schwarz und dunkelgrau und ist direkt abhängig von der variierenden Karbonatführung. Auffallend ist, dass karbonatreiche und karbonatarme Varietäten auf engsten Raum abwechseln können, jedoch ist eine stratigraphische Position daraus nicht ableitbar. Das Gestein ist aus Sedimenten hervorgegangen, welche in einem (stark) reduzierenden Milieu abgelagert worden sind. Der auch des öfteren verwendete Ausdruck "Graphitschiefer" ist auf eine sich gelegentlich fett anfühlende Gesteinsoberfläche zurückzuführen, die durch einen geringen Anteil von Graphit innerhalb des Gesteins bedingt ist. Jedoch ist der Graphitanteil so gering, dass eine Bezeichnung als Graphitschiefer als falsch einzustufen ist. Sehr oft sind die anzutreffenden Schwarzschiefer netzartig mit hellgrauen bis weißen Kalzit- bzw. Quarzäderchen durchzogen.

Unter dem Mikroskop ist zu erkennen, dass ein granoblastisches, stark pigmentführendes Karbonat-Quarzpflastergefüge für die karbonatreicheren Varietäten charakteristisch ist. Dieses Gefüge wird des weiteren von Hellglimmer durchsetzt welcher zudem die Schieferung stets markant nachzeichnet.

Die oft fälschlich bezeichneten "Graphitschiefer" sind durch einen dichten parallelstreifigen Chlorit-Serizitfilz gekennzeichnet, welcher intensiv von dunkelgrauem bis schwarzem Pigment durchzogen ist. Oxydierte Pyrite sprossen diskret im Gestein verteilt und ohne jegliche Gesetzmäßigkeit. Nadeleisenerz ist vielfach kluft- bzw. schieferungsparallel eingeregelt. Weiters sind dünne Klüftchen sowohl quer als auch parallel zur Schieferung mit Hämatit verfüllt, der vermutlich aus Eisenhydroxiden hervorgegangen ist.

d) Karbonatschiefer (-phyllite), "Kalkrippen"

Die Farbe dieser Gesteine reicht von hellbraun bis hellgrau. Die sogenannten "Kalkrippen" treten hauptsächlich in den Arzbergschichten auf und sind an deren Aufbau maßgeblich beteiligt. Im Gelände treten sie morphologisch als

Härtlinge hervor, weil sie im Bezug zum umgebenden Gestein eine härtere Konsistenz aufweisen. Das gelegentliche Antreffen von graugrüner Gesteinsfärbung innerhalb der Karbonatschiefer ist auf einen stärkeren Chloritgehalt zurückzuführen und basiert auf möglicherweise ehemaligen Tuffeinlagerungen.

Im Dünnschliff erscheinen die Karbonate sowohl als deutlich rekristallisiertes granoblastisches Kalzitpflaster mit parallelstreifiger Textur, als auch als dichte, optisch kaum auflösbare Matrix. Weiters treten gerundete Karbonatkörner in Erscheinung, die vollkommen regellos in der Matrix eingebettet sind. Das Auftreten gerundeter, teils eckiger Karbonatflatschen innerhalb der Karbonatphyllite (-schiefer) gibt zur Vermutung Anlass, dass ein Teil dieser karbonatischen Sedimente während der Bildung möglicherweise aufgearbeitet und resedimentiert wurde. Anzeichen für submarine Aufarbeitung und Eingleitungen sind vor allem in den zuvor erwähnten Schwarzschiefern zu beobachten.

Die meisten Quarzkörner liegen kataklastisch zerbrochen vor und zeigen eine undulöse Auslöschung. Jedoch können aber auch gerundete Quarzkörner in der Matrix ausgemacht werden.

Plagioklase, die untergeordnet auftreten, sind zumeist polysynthetisch verzwillingte Albite, die in unmittelbarer Vererzungsnähe an Quantität zunehmen, sodass von einer vererzungsbezogenen Nebengesteinsveränderung ausgegangen werden kann.

Nicht selten können wechselnd mächtige Einschaltungen von Bänderkalken innerhalb der Karbonatphyllite (-schiefer) beobachtet werden. An manchen Stellen tritt die Bänderung der Kalke fast vollständig in den Hintergrund und mitunter können Fossilbruchstücke bereits mit freien Auge erkannt werden. Die Kalke werden bisweilen als rekristallisierte Echinodermatenkalke gedeutet. Durch Bohrungen und Geländeaufschlüsse ist belegt, dass innerhalb der Kalke dolomitische Bereiche angetroffen werden, die zumeist in Form von kubikmetergroßen Blöcken innerhalb der karbonatischen Sedimente eingebettet liegen, und somit ohne weiters der Schluss gezogen werden kann, dass sie olistholithischen Charakter besitzen. Charakteristisch ist für diese dolomitischen Bereiche zudem, dass das Blockwerk netzartig mit Quarzadern durchzogen ist. Die "Kalkrippen" sind vom begleitenden Nebengestein

(Karbonatschiefern bis Karbonatphylliten bzw. Serizitschiefern und Serizitphylliten) vielfach durch eine Bewegungsfläche getrennt.

Aus der Kalkrippe beim Gehöft Topenbauer, zwischen Arzwaldgraben und dem Übelbachtal gelegen und der Kalkrippe beim Gehöft Bodlos nordöstlich des Arzwaldgrabens konnte TSCHELAUT (1985) eine Conodontenfauna isolieren, die eine Alterseinstufung ins Lochkov (Unterstes Devon) zuläßt.

Die große Bedeutung der Altersdatierung ist dahingehend gegeben, da es sich um ein für die Vererzungen charakteristisches Schichtglied der Arzberg-Schichten handelt. Dolomitphyllite können innerhalb der Arzberg-Schichten nur sehr sporadisch angetroffen werden, und beschränken sich hauptsächlich auf den Bereich der Plankogelschuppenzone ("Bergwerksschuppe"). Optisch ist kaum ein Unterschied zwischen den Dolomitphylliten und den Kalkphylliten erkennbar, da die Farbe im angewitterten Zustand so gut wie ident ist, nämlich graubraun. Erst im Dünnschliff sind die Unterschiede deutlicher zu erkennen. Der gut ausgebildete Lagenbau entsteht durch den Wechsel von filzigen Hellglimmern und Karbonaten, welche ein pflasterförmiges Gefüge aufweisen. Weiters ist eine geringere tuffitische Beeinflussung festzustellen, wobei die Chlorite flatschenförmig eingelagert sind und optisch die Eigenschaften von Rhipidolithen innehaben. Die Quarzkörner können wiederum sowohl eckigen als auch gerundeten Habitus besitzen, und sie weisen zudem noch sehr inhomogene Größen auf.

Bereiche mit verstärkter Magnetit- und Plagioklasführung stellen ein Charakteristikum der Dolomitphyllite dar, wobei die letztgenannten Plagioklase generell eine intensive Verzwilligung aufweisen und außerordentlich ungetrübt im Gestein anzutreffen sind.

e) Serizitschiefer (-phyllite)

Das enge Nahverhältnis zwischen Serizitschiefern (-phylliten) und Karbonatschiefern (-phylliten) wird dadurch deutlich, dass beide Gesteine sowohl eng miteinander in Wechsellagerung in Erscheinung treten, als auch lateral verzahnt im Gelände angetroffen werden können. Die Färbung des Gesteins reicht von hellgrau bis hellgraubraun. Namensgebend ist der hohe Anteil von Serizit innerhalb des Gesteins, wobei die Serizitsträhnen gelegentlich mit Chlorit verwoben sein können. Dieses gemeinsame Auftreten von Serizit und Chlorit ist besonders im Profilbereich Stubegg–Burgstall anzutreffen. Dünne, linsig ausgebildete

Quarz- oder Karbonatzeilen wechsellagern gelegentlich mit den Serizitsträнen. Der Anteil von Plagioklasen ist äußerst gering d. h. nur akzessorisch.

Die Verteilung der opaken Minerale ist sehr unterschiedlich. In den meisten Fällen besitzt das opake Ursprungsmineral (Ilmenit?) eine Umwandlungskruste aus Titanit (Leukoxen). Oft im Gestein anzutreffen sind Pyritkörner, die eine ausgeprägte Idiomorphie innehaben. Bei Zunahme des Karbonatgehaltes gehen die Serizitschiefer (-phyllite) kontinuierlich in Karbonatschiefer (-phyllite) über. Der recht einfache Mineralgehalt dieses Gesteines läßt auf ein kalkig, toniges Sediment als Ausgangsgestein schließen.

1.2. LAGERSTÄTTENBESCHREIBUNG

1.2.1. Rabenstein

Die Lagerstätte Rabenstein bildet die nordöstliche Fortsetzung des Arzwaldgrabenreviers. Nach STEINHAUS (1879), SETZ (1902), TORNQUIST (1927), WOLLAK (1930) und CZERMAK (1938) existieren neben einem "Hauptlager", das knapp unterhalb dem hangendsten Schwarzschieferhorizont liegt, mehrere "Liegendlager". Der Hauptbau beschränkte sich mit wenigen Ausnahmen auf das Hauptlager, das in erster Linie silberhältigen Bleiglanz führte. Im Westfeld scheint ein zinkblendedominiertes, nur untergeordnet bleiglanzführendes, nach SETZ (1902) bis 1,0 m mächtiges Parallellager in wenigen Metern Vertikalabstand zum Hauptlager bestanden zu haben (WEBER 1990). Rund 30 m tiefer tritt in Serizitschiefern das ebenfalls zinkblendedominierte und einige Dezimeter mächtige 2. Lager auf. Das 3. Lager liegt weitere 30 m tiefer und führt Bleiglanz in Nestern und Schnüren. Sämtliche bebauten Lagervererzungen sind offensichtlich dem Hangendlager zuzuordnen, während die sulfidische Vererzung in den Bänderkalken (Mittellager) und die sulfatischen Vererzungen des Liegendlagers durch den Bergbau Rabenstein nicht aufgeschlossen wurden (WEBER 1990). Die Ausrichtung des Grubengebäudes wurde durch zahlreiche, zum Teil bedeutende Verwerfer sowie die starke Deformation der Lager erschwert. Aufgrund der starken tektonischen Beanspruchung der Lager kam es bereichsweise zu großen Mächtigkeitsschwankungen.

1.2.2. Arzwaldgraben

Im Arzwaldgraben waren in erster Linie die stratigraphisch tieferen schwerspatführenden Vererzungen in der aufrecht lagernden Abfolge der Arzberg-Schichten (Untere Schiefer) Ziel des Bergbaues. Auch die zinkblendeführenden Vererzungen des Mittellagers wurden aufgefahren, während die knapp unterhalb der hangenden Schwarzschiefer aufsetzenden sulfidischen Lagervererzungen nur untergeordnet abgebaut wurden. Im Bereich der in den 50er Jahren gewältigten Stollen (Antonistollen [Erbstollen], Glückaufstollen, Josefistollen) wurden Lagermächtigkeiten bis zu 1,2 m nachgewiesen (CZERMAK 1927). Die Schichten sind durch E- bis SE-fallende Störungen zum Teil stark verworfen (FLÜGEL 1953). Nach WEBER (1990) müssten alle Lager, die sich auf mehrere tausend Meter in der Horizontalen verfolgen lassen, auch gegen die Teufe zu eine ähnliche Erstreckung aufweisen. Die Mächtigkeiten der Erzlager schwanken zwischen wenigen Zentimetern bis zu Lagern im Meterbereich (CZERMAK 1927).

1.3. <u>HISTORISCHER BERGBAU</u>

1.3.1. Rabenstein

Nachrichten über den Beginn des Bergbaues Rabenstein fehlen bis dato. Die Geschichte dieses Bergbaues ist jedoch eng mit jener des benachbarten Bergbaues Arzwaldgraben verknüpft, die zumeist auch gemeinsam abgebaut wurden. Da aus dem 16. Jahrhundert im Raum Frohnleiten und Übelbach bereits eine rege und ausgedehnte Bergbau- und Hüttentätigkeit überliefert ist, ist als wahrscheinlich anzunehmen, dass die Anfänge der Bergbaue Rabenstein/Arzwaldgraben in diese Zeit zurückreichen. Dieser frühe Bergbau dürfte in der ersten Hälfte des 18. Jahrhunderts außer Betrieb gestellt worden sein.

1746 Heinrich Leopold Heipl gewältigte einen alten Stollen des Rabensteiner Bergbaues, infolgedessen es zu Grenzstreitigkeiten mit Karl Theodor von Mayern kam, der Betreiber des in Streichrichtung anschließenden Bergbaues Arzwaldgraben war.

1747 Der alte Mariahilfstollen wurde unter Freiherrn von Mayern gewältigt. In Rabenstein arbeiteten zu diesem Zeitpunkt 80 Bergleute.

1762 Graf Johann Nepomuk Dietrichstein scheint als Besitzer des Bergbaues auf, unter dem die Förderung wieder stark abnahm.

1779 Johann Nepomuk Heipl erwarb die vernachlässigten Bergbaue im Arzwaldgraben und Rabenstein.

1830 Nach starken Rückschlägen im Bergbau Deutschfeistritz verlegte sich das Schwergewicht des Abbaues nach Rabenstein, wo besonders der Obere Mayerhofer-Stollen beschürft wurde.

1843 11. Juli: Franz Paul Freiherr von Herberth übernahm die Bergbaue Übelbach , Arzwaldgraben und Rabenstein. Dieser gewann in erster Linie Schwerspat für die mittelsteirische Papierindustrie.

1867 Aufschlag des Murstollens

1871 Ludwig Kuschel erstand den Bergbau Rabenstein mit 8 Grubenmaßen und betrieb ihn zum Teil auch tagbaumäßig.

1889 21. Oktober: Verkauf des gesamten Werkkomplexes "Ludwigshütte" an die Märkisch-Westfälische Bergbaugesellschaft zu Letmathe, die ihren Abbau auf den Murstollen und den Oberen Mayerhofer-Stollen konzentrierte.

1892 Errichtung der dem Murstollen vorgelagerten Aufbereitungsanlage

1927 Nach einer kurzen Blüte musste der Betrieb jedoch unter Einwirkung der Wirtschaftsdepression der Nachkriegszeit geschlossen werden.

Nach 1927 übernahm die Gewerkschaft St. Christoph in Bregenz die ehemaligen Bergbaue Deutschfeistritz, Rabenstein und Guggenbach. Zu Beginn der 50er Jahre waren die beiden Bergbaureviere Arzwaldgraben und Rabenstein noch einmal Gegenstand von Aufschluss- und Untersuchungsarbeiten, die 1954 eingestellt wurden. In den 70er Jahren schließlich wurde nochmals von der Bleiberger Bergwerks Union ohne nennenswerten Erfolg exploriert.

- **Produktion**

Produktionsziffern des Bergbaues Rabenstein liegen nur über kleine historische Zeiträume vor und beziehen sich teilweise auf die gemeinsame Förderung mit dem Bergbau Arzwaldgraben 1775 betrug die Gesamtförderung 220 t Erz mit einem Inhalt von 60 kg Silber, 70 t Blei sowie 93 t Bleiglätte. In den Jahren 1772 bis 1779 lag die durchschnittliche Jahresförderung bei 173,9 t Erz mit 38 kg Silber, 26,7 t Blei und 37,9 t Bleiglätte. Für die letzte Betriebsphase werden folgende jährliche Erzförderungen angegeben:

Jahr	Bleierze (t)	Zinkblende (t)
1880	370	-
1881	423	-
1882	387	-
1894	350	-
1899	270	16
1900	362	97
1901	173	76

Im Zeitraum 1914 – 1918 erreichte der Bergbau Rabenstein seine Höchstproduktion mit etwa 1000 t Roherz monatlich. Im Oktober 1916 wurden 103 t Bleierz- und 10 t Zinkkonzentrat gewonnen. In den letzten Betriebsjahren 1926 und 1927 betrug die Produktion 330 beziehungsweise 276 t Bleierz. Aufbereitet wurden die Erze in der Aufbereitungsanlage, die dem Hauptförderstollen (Murstollen) vorgelagert war. Die Verhüttung der metallhaltigen Minerale erfolgte in Deutschfeistritz, wo 1746 – 1899 bis zu 4 Hüttenanlagen bestanden. Nach Auflassung der nahegelegenen Hüttenbetriebe gingen die Bleierze an die Hütte Susak bei Fiume. Die Zinkerze wurden anfänglich in Johannestal (Kram), später unter der Märkisch-Westfälischen Bergbaugesellschaft in Littai verhüttet.

1.3.2. Arzwaldgraben

Die Anfänge dieses Bergbaues sind unbekannt, dürften aber ebenso wie die des Bergbaureviers Rabenstein bereits im 16. Jahrhundert liegen.

1630 14. März: Fürst Johann Ulrich von Eggenberg erwarb das Schloss Waldstein samt zugehörigen Besitzungen von Friedrich von Windischgrätz, darunter auch den Bergbau Guggenbach und eine Schmelze im Modenhofamt. Der Bergbau Arzwaldgraben war zu diesem Zeitpunkt schon in Betrieb. Die Fürsten von Eggenberg verkauften in der Folge den Bergbau an Privatunternehmer, darunter Marcus Reitter. Von diesem ist bekannt, dass er sein ganzes Vermögen in den Bergbau aufwendete, den Gläubigern gegenüber zahlungsunfähig wurde und schließlich sein Leben in Leoben als Perückenmacher fristen musste.

1739 Vermutlich im Verlauf der Maria-Theresianischen Bergwerkserhebung gelangte der Bergbau in den Besitz von Hofkammerrat Karl Theodor von Mayern, der in den ersten Jahren den wiedergewältigten Bergbau raubbaumäßig abbaute. Mit der Wiederauffahrung weiterer Stollen stieg die Belegschaft auf 46 Mann im Jahre 1745. Im gleichen Jahr kam es zu Rechtsstreitigkeiten mit Heinrich Leopold Heipl, der von Rabenstein einen alten Stollen gewältigte. Durch die Ausdehnung des Abbaues unter Einbeziehung des Rabensteiner Reviers wuchs die Belegschaft auf 80 Mann.

1762 Infolge von Ertragsrückgängen verkaufte Mayern die Baue Arzwaldgraben und Rabenstein an Johann Nepomuk von Dietrichstein, den Besitzer der Herrschaft Waldstein. Dieser begann mit der Gewältigung von 5 Stollen, zu denen bis 1766 noch zwei weitere kamen. Die Erzförderung und Erlöse sanken ab 1767 jedoch wieder rasch.

1779 Johann Nepomuk Heipl erwarb die vernachlässigten Bergbaue im Arzwaldgraben und Rabenstein.

1843 11.Juli: Baron von Herberth erstand die Bergbaue Übelbach, Waldstein (Arzwaldgraben) sowie Rabenstein von der Familie Heipl-Mensurati. Dieser baute die Halden ausschließlich nach Schwerspat ab und stellte den Bergbaubetrieb Arzwaldgraben 1850 gänzlich ein.

1927 Durch die Schurfgesellschaft Kogler und Lokar wurde ein Komplex von Freischürfen gelegt. Die Tätigkeit der Schurfgesellschaft beschränkte sich im wesentlichen auf die Gewältigung mehrerer Baue, wobei allerdings keine größeren Neuauffahrungen getätigt wurden. Die Maßenverleihung ergab ein Tagmaß an Blei-Zinkerzen in der Gemeinde Hofamt (Arzwaldgraben).

1948 Am 21. Februar nahm Albin Marx die Gewinnung erneut auf. Bereits am 15. April nächsten Jahres erfolgte die abermalige Stillegung.

1949 Am 16. Mai setzte Anton Lokar, Sohn des ehemaligen Schurfbesitzers Lokar, den Betrieb im Arzwaldgraben wieder in Gang. Die wesentlichen Arbeiten beschränkten sich auf Gewältigungs- und Streckenvortriebsarbeiten im Glückaufstollen, um die von Marx 11 m über der Stollensohle nachgewiesenen Schwerspatvererzungen aufzuschließen.

1950 4.Mai: Die Schurfgesellschaft Lokar vereinigte sich mit der Schurfgesellschaft Trenczak-Oberegger. Sie erhielt unter der Auflage, dass durch die Bleiberger Bergwerks Union (BBU) die Fortsetzung der Rabensteiner Lagervererzungen mit jenen des Arzwaldgrabens untersucht werde, ERP Mittel. Der Pachtvertrag, datiert mit 28.4.1951, war auf 15 Jahre ausgelegt.

1951 Am 18.Juni nahm die BBU die Gewältigungs- und Vortriebsarbeiten im Glückaufstollen auf.

1954 12.Juni: Lösung des Pachtvertrages zwischen der BBU und der Schurfgesellschaft. Am 1.12. wurde der Betrieb endgültig eingestellt.

In den 70er Jahren wurde nochmals von der Bleiberger Bergwerks Union ohne nennenswerten Erfolg exploriert.

- **Produktion**

Förderdaten sind auch hier wie bei den meisten anderen Blei-Zink-Bergbaue des Grazer Paläozoikums nur sporadisch vorhanden. Detaillierte Produktionsergebnisse existieren für die Jahre 1763 bis 1772 (FLÜGEL 1953):

Jahr	Förderung (t)	Silber (kg)	Blei (t)	Bleiglätte (t)
1763	282,0	123,5	14,1	58,5
1764	255,8	93,0	9,4	38,6
1765	291,3	102,5	11,1	43,7
1766	258,0	95,9	10,7	46,2
1767	283,6	76,5	11,8	44,0
1768	204,2	55,0	7,9	33,0
1770	209,2	55,5	9,5	39,2
1772	175,0	40,3	7,2	34,2

Die Verhüttung der Erze erfolgte vom 18. Jahrhundert bis zur Zerstörung der Schmelzhütte durch ein Hochwasser im Jahre 1841 im Hofmodenamt bei Waldstein/Guggenbach.

1.4. BERGWERKE UND HALDEN

1.4.1. Rabenstein

a) Grubenbaue und Halden

Im Revier Rabenstein findet man heute noch deutliche Spuren einer Reihe von Einbauten aus verschiedenen Betriebsperioden. Die Stollen sind sämtlich verbrochen und nicht mehr befahrbar. Von unten nach oben umfasste das Grubengebäude die folgenden namentlich bekannten Einbaue:

- Murstollen (Ludwig Kuschel-Erbstollen)
- Unterer Maierhoferstollen

- Oberer Maierhoferstollen
- Wetterstollen
- Neuer Kreuzstollen
- Dreierstollen
- Weiglstollen
- Ramystollen
- Ramyschacht

Darüber hinaus bestehen markante Pingenzüge sowie vor allem im höhergelegenen Abschnitt. Spuren älterer Abbau- und Schurfversuche. Verschiedene Befahrungsberichte mit detaillierten Beschreibungen vor allem des Murstollens wurden von WEBER (1990) dargestellt und interpretiert. Generell sind die höhergelegenen Teile des Bergbaues die älteren. In der letzten Betriebsphase wurden die Erze fast ausschließlich durch die vom Murstollen abgehenden Querstrecken, Auffahrungen und Aufbrüche gebaut und gefördert. Das Mundloch des 1630 m langen Stollens liegt in der Nähe des westlichen Murufers etwa 10 m oberhalb der Mur. Zwischen der Talsohle des Murtals unmittelbar nördlich des Schlosses Rabenstein und dem Kammbereich des Schenkenberges nordwestlich des Gehöftes Ramy befinden sich mindestens 13 meist langgestreckte Haldenkörper. Die Mehrzahl der alten Einbaue mit ihren vorgelagerten Halden liegt in einem rechtsseitigen Seitengraben des Forstgrabens. Der geologische Untergrund besteht mit Ausnahme der Halde des Murstollens (12H), die im Bereich grobkorndominierter Lockersedimente geschüttet wurde, aus Serizit- und Schwarzschiefern sowie feinkorndominierten Hangschuttbildungen. Das Gesamthaldenvolumen im Revier Rabenstein liegt in der Größenordnung von 100.000 m³.

b) Aufbereitungsanlage Rabenstein

In der letzten Betriebsphase wurden die geförderten Erze in einer Aufbereitungsanlage, die dem Murstollen vorgelagert war, weiterverarbeitet. Die erste Anlage wurde 1892/93 nach der Übernahme des Betriebes durch den Märkisch-Westfälischen Bergwerksverein erbaut. Zuvor wurden die gewonnenen Erze nach Deutschfeistritz transportiert und in der dortigen Anlage aufbereitet. Um das Transportvolumen möglichst gering zu halten, existierten bereits vor 1890 in Rabenstein zwei einfache kleine Aufbereitungsstätten. Eine befand sich unmittelbar unter der Halde des Oberen Maierhoferstollens, die andere im Murtal (STEINHAUS 1879). Die heute in Mauerresten noch zum Teil erhaltene Anlage wurde 1913 von Humboldt/Köln errichtet, später noch adaptiert und umgebaut. Da man Elektromotoren zum Betrieb der Maschinen einsetzen wollte, wurde ein altes Turbinenhaus am Murufer zur Transformatorstation umgebaut. Im Zuge des letzten Umbaues erfolgte eine Kapazitätserweiterung auf eine Leistung von 40 t / 8 Stunden (GBA 1994). Das eingesetzte nassmechanische Aufbereitungsverfahren lieferte allerdings insbesondere bei der Trennung von Baryt und Zinkblende meist unbefriedigende Ergebnisse. Die Aufbereitungsverluste betrugen nach BURGSTALLER (1968) im letzten Quartal des Jahres 1927 bei Blei 25 %, bei Zink bis 95 %. Nach Unterlagen im Archiv der Berghauptmannschaft Graz enthielten in den Jahren 1916/1917 die Aufbereitungsprodukte 50 – 60 % Blei mit 250 – 350 g Ag/t bzw. 25 – 35 % Zink. Verkauft wurden Stückerze, Graupen, Sande und Schliche.

Die Anlage von Humboldt/Köln bestand aus einem Haupt- und mehreren Nebengebäuden. Lediglich die Grundmauern und Teile der Außenmauern des Hauptgebäudes, das eine Länge von ca. 60 m und eine Breite von ca. 12 m aufwies, sind in Resten erhalten. Das übrige Areal wurde nach Schleifung der Anlagen planiert und mit Inertmaterial abgedeckt.

c) Nutzungsumfeld

Die Reste des ehemaligen Bergbaues Rabenstein liegen zwar weit überwiegend in einem bewaldeten Gebiet, in Teilbereichen kommt es jedoch zu Überschneidungen mit landwirtschaftlichen und baulichen Nutzungen. Insbesondere die Halden 08H (Standort eines Wochenendhauses), 09H (Standort des Kinderheimes Don Bosco) und 10H (Standort eines Bauernhauses) verdienen in dieser Hinsicht Beachtung. Die Halde des Murstollens (12H), auf der gleichzeitig Rückstände aus der Erzaufbereitung abgelagert wurden, liegt im Randbereich zwischen bewaldetem Gelände und einer landwirtschaftlich genutzten Fläche sowie dem Parkplatz des Schlosses Rabenstein. Mehrere Quellfassungen für lokale Wasserversorgungsanlagen und zur Versorgung von Fischteichen befinden sich in unmittelbarer Nähe der Halden 07H, 08H und 10H.

d) Hydrogeologische Verhältnisse

Der überwiegende Teil des Bergbaureviers Rabenstein liegt im Bereich nicht verkarstungsfähiger, minderdurchlässiger Gesteinsserien der Arzberg-Schichten

(Serizitschiefer, Schwarzschiefer, Kalkschiefer), in denen oberirdischer Abfluss vorherrscht. Kleine, gering schüttende Schuttquellen sind relativ häufig zu beobachten. Gegen Südosten werden die minderdurchlässigen Gesteine von verkarstungsfähigen Kalken (Schöckelkalk) mit eingelagerten Karbonatquarziten tektonisch überlagert. An der Schichtgrenze zu den Schiefern treten einige kleine Schichtgrenzquellen auf. Der Großteil des Karstwassers aus dem breiten Karbonatzug südlich von Schloss Rabenstein alimentiert direkt das Grundwasser des Murtals.

Die Halde des Murstollens bzw. der Aufbereitungsanlage liegt bereits im Bereich der gut durchlässigen, grundwasserführenden quartären Lockersedimente des Murtals. Die fluviatilen Schotter besitzen eine Mächtigkeit zwischen 15 und 20 m, die Grundwasserüberdeckung beträgt etwa 2 – 4 m. Das Grundwasser oszilliert in diesen Bereichen mit dem Flussspiegel der Mur. Zur näheren Charakterisierung der Quellwässer im Bergbaubereich wurden im Zuge einer Quellenkartierung die Schüttung, die Leitfähigkeit, die Temperatur, der pH-Wert sowie die Gesamt- und die Karbonathärte bestimmt (LÖSCHER 1997). Generell handelt es sich um gering bis sehr gering schüttende Quellen (maximal 0,7 Liter/s). Mit Ausnahme der Wasseraustritte aus dem Oberen Maierhoferstollen und dem Murstollen, findet man überwiegend Schuttquellen. Einige Quellen sind trotz ihrer geringen Ergiebigkeiten gefasst. Die Leitfähigkeitswerte sind in einem Fall als deutlich erhöht, in einigen anderen Fällen als erhöht einzustufen. Den Maximalwert von 1156 µS/cm weist das aus dem Murstollen austretende Wasser auf. Auch die an weiteren vier Quellen gemessenen Werte zwischen 752 und 870 µS/cm zeigen signifikante Abweichungen von den für diesen Bereich typischen Normalwerten von 500 bis 600 µS/cm. Die gemessenen pH-Werte liegen generell im alkalischen Bereich. In Bezug auf die Gesamthärte liegen harte bis sehr harte Wässer vor, wobei der Maximalwert von 40°dH für das Wasser des Murstollens registriert wurde. Auch die Messwerte für die Karbonathärte sind generell hoch mit einem Maximalwert von 25,6°dH für das Wasser des Murstollens.

e) **Detailbeschreibung bedeutender Halden [siehe auch Anhang]**

➢ **05H, 06H (Halden des Dreierstollens)**

Im bewaldeten Grabenbereich etwa 250 m südlich des Gehöftes Weigl befand sich auf der orographisch linken Grabenseite in einer Seehöhe von 650 m das Mundloch des Dreierstollens. Das Mundloch des 1919 gewältigten Stollens ist noch teilweise offen. Die obere der beiden Halden (05H) weist eine Länge von ca. 35 m, eine Breite von ca. 20 m und eine maximale Schütthöhe von 8 m auf. Ihr Volumen beträgt etwa 4000 m³. Am Fuß der Halde verläuft ein neuerrichteter Forstweg, in dessen Wegschüttung man häufig Haldenmaterial findet. Direkt unterhalb schließt die Halde 06H an, die bei einer Länge von ca. 25 m, einer Breite von 5 bis 15 m und einer maximalen Schütthöhe von 8 m ein Volumen von ca. 2500 m³ aufweist. Das einige 100 m oberhalb entspringende Gerinne versickert im Bereich der Halde 05H und tritt erst unterhalb der Halde 08H wieder zutage. Im Haldenmaterial sind neben Grün-, Serizit- und Schwarzschiefern sowie Karbonaten häufig erzführende Komponenten (Baryt, Bleiglanz und Zinkblende) zu finden.

➢ **07H (Halde des Neuen Kreuzstollens)**

Die auf einer Seehöhe von 610 m gelegene Halde des anhand der Mundlochpinge eindeutig lokalisierbaren Neuen Kreuzstollens befindet sich ebenfalls in forstwirtschaftlich genutztem Gelände. Der ca. 60 m lange, bis 25 m breite und bis 15 m mächtige Haldenkörper weist ein Volumen von etwa 12000 m³ auf. Die steile ostseitige Haldenböschung zeigt einige Erosionsrinnen und kleinräumige Rutschungen. Das entlang der Südseite der Halde verlaufende Gerinne führt nur nach starken Niederschlägen Wasser. Das im Bereich der Halde 05H in das Lockermaterial eintretende Wasser (s. o.) durchsickert offensichtlich auch noch die Halde des Neuen Kreuzstollens. Etwa 20 m südlich der Haldenböschung liegt auf der orographisch rechten Seite des Grabens eine Quellfassung zur Versorgung des Wochenendhauses etwa 200 m östlich, deren Einzugsgebiet aufgrund der morphologischen Verhältnisse jedoch nicht im unmittelbaren Bergbau- und Haldenbereich liegen sollte. Das in der teilweise erodierten Böschung aufgeschlossene Haldenmaterial besteht im wesentlichen aus verschiedenen Schiefern, während erzführende Komponenten relativ selten zu finden sind.

➢ **08H (Halde des Wetterstollens)**

Das völlig vernarbte Mundloch des Wetterstollens liegt in einer Seehöhe von 580 m unmittelbar am Waldrand. Der Haldentisch selbst liegt auf einer Lichtung, die steil nach Osten abfallende Böschung aber bereits wieder im Wald. Das ehemalige Knappenhaus wurde umgebaut und wird heute als Wochenendhaus genutzt. Der planierte Haldentisch weist eine Länge von ca. 50 m und eine Breite von bis zu 30 m auf. Die maximale Mächtigkeit des Haldenkörpers beträgt ca. 15 m, sein Volumen kann auf etwa 19000 m^3 geschätzt werden. Im Bereich des Haldentisches befinden sich u.a. ein kleiner Fischteich, der sein Wasser von der gefassten Quelle südlich der Halde 07H bezieht, sowie ein Hausgarten. Am Haldenfuß befindet sich auf der orographisch rechten und damit der Halde gegenüberliegenden Seite eine Quellfassung für das benachbarte Kinderheim Don Bosco. Die steile ostseitige Haldenböschung weist einige Erosionsrinnen und kleinräumige Rutschungen auf. Das in den wenigen Aufschlüssen sichtbare Haldenmaterial besteht im wesentlichen aus verschiedenen Schiefern und gebändertem Kalk, während erzführende Komponenten relativ selten sind.

Abbildung 1.1: Halde 8
(Haldentisch mit Knappenhaus, dahinter mit Fichten bewaldete Resthalde)

➢ 09H (Halde des Oberen Maierhoferstollens)

Das verstürzte Mundloch des Oberen Maierhoferstollens liegt auf der orographisch linken Talseite am Fuß des steilen Grabeneinhanges in einer Seehöhe von 540 m. Neben dem Murstollen lag in diesem Stollen ein Schwerpunkt der Abbau- und Förderaktivitäten. Zwei Knappenhäuser wurden in unmittelbarer Nähe des Mundloches erbaut. Am Standort eines dieser Häuser befindet sich heute das Kinderheim Don Bosco, das nordöstlich anschließende planierte Haldenplateau wird überwiegend als Spiel- und Sportplatz genutzt. Die steile und teilweise verrutschte Böschung ist bewaldet. Das Volumen des ca. 90 m langen, bis 35 m breiten und maximal 18 m hohen Haldenkörpers beträgt etwa 27000 m³. Das aus dem verstürzten Mundloch austretende Wasser wird in einen Trog vor dem Heim geleitet. Das entlang der südöstlichen Haldenbegrenzung verlaufende Gerinne führt normalerweise sehr wenig Wasser (< 0,5 Liter/s); bei Starkniederschlägen kann es jedoch am Haldenfuß zu kleineren Anbrüchen infolge von Hangunterschneidung kommen. Auf der orographisch linken Talseite befindet sich am Haldenfuß eine weitere Quellfassung, deren Einzugsgebiet vermutlich der Haldenkörper ist. Im Haldenmaterial sind neben Grün-, Serizit- und Schwarzschiefern sowie Kalk und Quarz häufig erzführende Komponenten (Baryt, Bleiglanz und Zinkblende) zu finden.

➢ 10H, 11H (Halden des Unteren Maierhoferstollens)

Das vernarbte Mundloch des 40 m über dem Murstollen vorgetriebenen Unteren Maierhoferstollens liegt auf der orographisch linken Talseite am Fuß des steilen Grabeneinhanges. Die nicht eindeutig abgrenzbare vorgelagerte Halde 10H mit einer Länge von ca. 50 m, einer maximalen Breite von ca. 20 m und einer maximalen Höhe von ca. 10 m besitzt ein Volumen von etwa 7000 m³. Ein weiterer wesentlich kleinerer Haldenkörper (11H) mit einem Volumen von etwa 1000 m³ befindet sich auf der orographisch rechten Seite des Gerinnes zwischen diesem und der Gemeindestraße. Hier kann es bei Hochwasserführung zu kleineren Anbrüchen der steilen Haldenböschung kommen. Die Oberfläche der Halde 10H ist planiert, das Plateau wird vor allem als Umkehr- und Lagerplatz genutzt. Die steile Böschung dient als Weidefläche für Schafe. Unmittelbar nördlich der Halde liegt ein bäuerliches Anwesen sowie ein Obstgarten. Das aus dem verstürzten Mundloch austretende Wasser wird gefasst und zur Versorgung dieses Anwesens genutzt. Haldenmaterial ist in erster Linie im Bereich der Halde 11H aufgeschlossen. Neben Serizit- und Schwarzschiefer sowie Kalk und Quarz findet man Baryt und untergeordnet Bleiglanz. Das die Halden teils durchsickernde, teils anschneidende Gerinne speist in seinem weiteren Verlauf vor der Einmündung in den Forstgraben mehrere Fischteiche.

➢ **12H (Halde des Murstollens und der Aufbereitungsanlage Rabenstein)**

Der bedeutendste Haldenkörper des Rabensteiner Reviers liegt in einer Seehöhe von 435 m im Murtal nördlich des Schlosses Rabenstein am Ausgang des verstürzten Murstollens. Das Haldenmaterial besteht im wesentlichen aus Vortriebsmaterial, das aus dem Murstollen gefördert wurde sowie - vorwiegend an der Ostflanke - aus Abgängen der am Fuß der Halde gelegenen Aufbereitungsanlage. Der Murstollen wurde 1867 angeschlagen und diente bis zur endgültigen Schließung des Bergbaues im Jahr 1927 als Hauptförderstrecke für die in den Querstrecken, Lagerauffahrungen und Aufbrüchen gewonnenen Erze. Die Gesamtlänge der etwa parallel zur Mur verlaufenden und einen markanten Rücken bildenden Halde beträgt ca. 220 m. Die Breite liegt im Südabschnitt bei knapp 30 m, verringert sich gegen Norden bis auf etwa 10 m und steigt im nördlichen Teil wieder auf etwa 25 m an. Die Schütthöhe beträgt im Schnitt etwa 10 m, nur der nördliche Abschnitt ist mit 6 bis 7 m etwas niedriger. Die Gesamtkubatur beträgt etwa 30.000 m³. Nach Angabe von BURGSTALLER (1968) war die Halde früher länger. Vermutlich zu Beginn der 60er Jahre wurde aber ihr nördlicher Teil verkauft und abtransportiert. Dem Südteil der Halde sind im Osten die Ruinen der Aufbereitungsanlage und ein weiterer kleiner Haldenkörper vorgelagert. Dieser enthält in erster Linie Aufbereitungsabgänge. Sowohl die Halden als auch die Mauerreste liegen zur Gänze im Wald, wobei unmittelbar östlich eine Grünlandfläche sowie der Parkplatz des Schlosses Rabenstein angrenzen. Das aus dem Murstollen austretende Wasser versickert nach kurzer Fließstrecke am Westfuß in der Halde. Das Haldenmaterial besteht in erster Linie aus Nebengesteinskomponenten (Grünschiefer, Serizitschiefer, Schwarzschiefer, Kalk), erzführende Komponenten (mit Bleiglanz, Zinkblende, Pyrit, Baryt) sind relativ selten und am ehesten an der Westflanke zu finden. Eher feinkorndominierte Ablagerungen im Süd- und Ostteil der Halde und im Bereich der Ruinen stammen mit großer Wahrscheinlichkeit von der Aufbereitung. Die Halde wurde auf gut durchlässige quartäre Lockergesteine geschüttet. Solche Halden können größere zusammenhängende Grundwasservorkommen führen. Eventuell kontaminierte Wässer können somit zwar relativ ungehindert in den Untergrund eindringen, infolge des hohe Anteiles an Karbonatgeröllen in den Sedimenten ist jedoch mit einer entsprechend hohen Pufferkapazität zu rechnen.

Im Rahmen des GBA-Projektes ÜLG 36/93 (GBA 1994) wurden zur näheren bodengeochemischen Charakterisierung des Aufbereitungsstandortes insgesamt 8 Einzelbodenproben von 3 Probenpunkten östlich der Halde (davon ein Referenzpunkt 1632005 - außerhalb des Standortes) entnommen. Der Grünaufwuchs wurde an denselben Probenpunkten sowie zusätzlich am Haldentop (1632006) beprobt. Der Probenpunkt 1632003 lag im Nordteil des Areals am Fuß der Halde, der Punkt 1632004 direkt östlich der Mauerreste. Die Verteilung der Schwermetalle im Oberboden zeigt über den gesamten untersuchten Bereich ein relativ einheitliches Bild mit Bleigehalten zwischen 52 und 89 ppm, Zinkgehalten zwischen 113 und 176 ppm und Cadmiumgehalten zwischen 0,2 und 1,0 ppm. Die übrigen Schadelemente liegen durchwegs im Normalbereich [siehe Kapitel 2.3.].

Die geringen Schwermetallkonzentrationen im Oberboden dürften auf den Umstand zurückzuführen sein, dass das Areal nach Schleifung der Aufbereitungsanlage planiert und mit Inertmaterial abgedeckt wurde. Im B-Horizont der Braunerdeprofile ist bei den Probenpunkten 1632003 und 1632004, die im Nahbereich der Aufbereitungsanlage bzw. der Halde liegen, ein deutliches Ansteigen der Schwermetallgehalte zu registrieren.

So weist der Probenpunkt 1632004 extrem hohe Gehalte an Blei (3199 ppm), Zink (3728 ppm), Cadmium (13,4 ppm) und Quecksilber (4,2 ppm) auf. Im Oberboden liegen sämtliche kritischen Elemente in ihren Gehalten noch unter dem Toleranzwert BW II nach dem Bewertungsschema von EIKMANN-KLOKE. Im B-Horizont liegen zumindest lokal hoch kontaminierte Böden vor, die bei den Schadelementen Blei, Zink und Cadmium den Toxizitätswert BW III nach EIKMANN-KLOKE teilweise um ein Vielfaches übertreffen. Die untersuchten Pflanzen des Grünlandbereiches weisen für Blei (21 ppm), Zink (maximal 490 ppm) und Cadmium (0,5 ppm) erhöhte, für Arsen (1,9 – 5,9 ppm) stark erhöhte Werte auf. Der höchste Zinkgehalt in pflanzlichen Materialien wurde mit 1100 ppm im Moosaufwuchs des Haldentops am Probenpunkt 1632006 gemessen.

Weitere Bodenanalysen wurden im Rahmen der Bodenzustandsinventur der Steiermark vom Landwirtschaftlichen Versuchszentrum Steiermark (Bodenschutzabteilung) durchgeführt. Als Untersuchungsstandort VFE 12 wurde eine Grünfläche in der Nähe der alten Aufbereitungsanlage gewählt. Die nur geringfügig erhöhten Schwermetallgehalte sind laut Profilanalyse überwiegend geogen bedingt. Einflüsse der ehemaligen Aufbereitungsanlage sind nicht erkennbar. Als stark überhöht sind jedoch die Bodengehalte an polyzyklischen aromatischen Kohlenwasserstoffen (PAH) anzusprechen. Dies läßt sich durch die bodenkundlich festgestellten Veränderungen des Boden erklären. Der ursprünglich bodenbildende Hangschutt wurde durch Schwemmmaterial der Mur überlagert und zusätzlich anthropogen verändert. Eine Differenzierung der Herkunft der Bodenbelastungen (Bergbau – belastetes Schwemmmaterial der Mur) ist heute nur schwer möglich (Landwirtschaftliches Versuchszentrum Steiermark, 2000).

1.4.2. Arzwaldgraben

a) Grubenbaue und Halden

Im Revier Arzwaldgraben ist heute noch eine große Zahl von Einbauten aus verschiedenen Betriebsperioden aufzufinden, die allerdings sämtlich verbrochen und bis auf kurze Teilstücke nicht mehr befahrbar sind. Nur wenige Stollen aus der jüngeren Vergangenheit sind namentlich bekannt.
Dazu zählen:

- der Antonistollen (Erbstollen)
- der Josefistollen
- der Glückauf-Stollen
- der Johann-Nepomuk-Stollen
- der Obere Grabbauer-Stollen

Die in den Archiven vorhandenen Grubenkarten und Aufnahmen beziehen sich auf diese Einbauten. Aus älteren Befahrungsberichten sowie den Gewältigungsversuchen in den 50er Jahren existieren detaillierte Beschreibungen der Hauptstrecken (WEBER 1990). Lage und Verlauf von älteren verstürzten Stollen sind teilweise im Gelände anhand von Pingenstrukturen nachvollziehbar. BONDKOWSKI (1927) beschrieb eine alte Halde vom Eingang des „Arzgrabens“ (womit vermutlich der Haneggergraben gemeint war), die *„den Graben in seiner ganzen Breite ausfüllt und gegen 250 m lang ist; diese führt nicht von einem Stollenbau her, sondern die Alten scheinen von den höher gelegenen alten Stollen hierher weniger reiche Erze aufgehäuft zu haben.“* Die Masse der Halde wurde mit 36.000 Tonnen Material mit einem durchschnittlichen Erzgehalt von 12,1 % ermittelt. Von der Berghauptmannschaft Graz wurde ein Tagmaß mit einer Fläche von 3870 m² verliehen und die Halde, die sich im Bereich des Antonistollens (Erbstollens) befunden haben muss, anschließend zum größten Teil abgehoben. BONDKOWSKI empfahl die Untersuchung von zwei weiteren alten Halden, die aufgrund oberflächlicher Aufnahmen ebenfalls einen *„rentablen Erzreichtum“* erwarten ließen. Den Reichtum an Erzen in diesen Halden erklärte er damit, *„die Alten mit dem tauben Material die Abbaue versetzten, während sie das Gangmaterial, soweit sie es gewinnen konnten, auf die Halde warfen.“*

Auf der linken Talseite des Arzwaldgrabens findet man heute zwischen der Talsohle und dem Gehöft Bodlos mindestens 23 Haldenkörper unterschiedlicher Dimension. Diese konzentrieren sich einerseits auf den linken Einhang des Haneggerbach- (Kohlbach-)grabens, andererseits auf den Muldenbereich zwischen Grabenbauer und Bodlos. Drei weitere Haldenkörper befinden sich auf der rechten Talseite des Arzwaldgrabens. Der geologische Untergrund der meisten Halden sind Chloritschiefer, Serizitschiefer und Karbonatschiefer sowie feinkorndominierte Hangschuttbildungen. Die Halde des Antonistollens (04H) wurde auf die geringmächtige, gut durchlässige grundwasserführende Talfüllung des Arzwaldgrabens geschüttet. Im Mündungsbereich des Haneggerbaches ist ein Schwemmkegel ausgebildet, dessen grobkorndominierte Sedimente die Aufstandsfläche der Halde 05H (Halde des Glückaufstollens) bilden.
[Weitere Angaben zu den Halden enthält der Anhang!]

b) Nutzungsumfeld

Der überwiegende Teil des ehemaligen Bergbaubereiches wird forstwirtschaftlich genutzt. Lediglich in der Nähe des Arzwaldgrabens sowie unterhalb des Gehöftes Bodlos werden einige Halden landwirtschaftlich (Viehweiden) genutzt. Die Halden sind im allgemeinen vegetationsbedeckt, allerdings zum Teil im Bereich neuerrichteter Forstwege angeschnitten.

c) Hydrogeologische Verhältnisse

Grundsätzlich sind die im Revier Arzwaldgraben auftretenden Gesteine als Wasserstauer einzustufen. Die eingelagerten Kalkrippen besitzen zwar eine gute Wasserwegigkeit, spielen aber aufgrund ihrer geringen vertikalen und lateralen Ausdehnung nur eine untergeordnete Rolle. Das besonders im Bereich von tektonischen Störungen und Schichtgrenzen eine gewisse Wasserwegigkeit vorhanden sein kann, ist aus dem Bergbau bekannt. Die Hauptrolle für die unterirdische Entwässerung spielen die teils mächtigen Hangschuttdecken bzw. die periglazialen Schuttentwicklungen. Bis auf wenige Ausnahmen entspringen alle Quellen aus derartigen Bildungen (BIMESHOFER 1991). Die Quelldichte ist stark von der Morphologie und der damit zusammenhängenden Schuttbedeckung abhängig. Die meisten Quellen liegen im Bereich der Tiefenlinien der Täler und Gräben. Der Wechsel von wasserdurchlässigen und wasserstauenden Gesteinen auf engstem Raum bewirkt eine große Anzahl von Quellen mit geringer Schüttung. Eine für das Einzugsgebiet des Arzwaldgrabens erstellte Häufigkeitsverteilung der Schüttungen zeigte, dass 82 % der Quellen eine kleinere Ergiebigkeit als 0,1 Liter/s aufweisen (BIMESHOFER 1991).

Die Talfüllung des Arzwaldgrabens besitzt eine gute Wasserdurchlässigkeit. In der Talweitung unterhalb der Einmündung des Haneggerbaches wird das seichtliegende Grundwasser für einige Brunnen genutzt.

d) Detailbeschreibung bedeutender Halden [siehe auch Anhang]

➢ **04H (Halde des Antonistollens)**

Die im Talboden des Arzwaldgrabens nahe der Einmündung des Haneggerbaches geschüttete Halde des Antonistollens (Erbstollens) wird als Weidefläche genutzt und ist von einzelnen Busch- und Baumgruppen bewachsen. Wie aus einem unveröffentlichten Gutachten im Archiv der Berghauptmannschaft Graz ersichtlich ist, wurde der Erbstollen in den 50er Jahren unseres Jahrhunderts letztmals gewältigt. Das Mundloch, das sich am Hangfuß nordöstlich der Halde befindet, ist bereits wieder völlig verstürzt. Die Längserstreckung der Halde beträgt etwa 40 m, die maximale Breite 25 m, die Schütthöhe bis etwa 3,5 m. Ihr Volumen lässt sich mit etwa 1700 m³ berechnen. Im Haldenmaterial findet man neben Taubmaterial (in erster Linie Grünschiefer, Serizitschiefer, Schwarzschiefer und gebänderte Kalke) auch Baryt und einzelne bleiglanzdominierte erzführende Komponenten. Im Nahbereich der Halde und des Stollens sind keine Wasseraustritte zu beobachten. Die Halde wurde auf die geringmächtige, gut durchlässige grundwasserführende Talfüllung geschüttet. Das in die Halde einsickernde Niederschlagswasser kann damit den vorhandenen Grundwasserkörper alimentieren.

Im Rahmen des GBA-Projektes ÜLG 36/93 wurden im Bereich der Antonistollenhalde zwei Bodenproben gezogen (Probenpunkt 1632008 am westlichen Haldenfuß; Probenpunkt 1632009 am Haldentop). Die Mächtigkeit des Halden-Rohbodens beträgt aufgrund der Veränderungen im Zuge der Materialentnahme in den 70er Jahren maximal 10 Zentimeter.

Blei (845 – 961 ppm), Zink (781 – 891 ppm) und Barium (2621 – 3471 ppm) weisen deutlich erhöhte Gehalte auf, Quecksilber (max. 4 ppm), Cadmium (max. 3,1 ppm) und Chrom (max. 210 ppm) überschreiten die Gehalte von Normalböden [siehe Kapitel 2.3.] ebenfalls (GBA 1994). Die praktisch identischen Werte des außerhalb der Haldenschüttung gelegenen Probenpunktes 1632008 sind wohl auf die vormals wesentlich größere Ausdehnung der Halde zurückzuführen. Die Bewertung der Bodenbelastung anhand der „Nutzungs- und schutzgutbezogenen Orientierungsdaten für (Schad-)Stoffe in Böden" (EIKMANN & KLOKE 1991) ergibt, dass der Toxizitätswert für landwirtschaftliche Nutzflächen und nichtagrarische Ökosysteme bei Zink überschritten wird. Die Gehalte an Blei und Cadmium liegen über dem als Toleranzwert definierten Wert für die Nutzungsart „Landwirtschaftliche Nutzflächen". Im Bericht der GBA (1994) wird festgestellt, dass die gemessenen Schwermetallgehalte die Konzentrationen in normalen Böden zwar beträchtlich übersteigen, jedoch keine Extremwerte darstellen. Allgemeingültige Aussagen über die flächenmäßige Ausdehnung der Belastungszonen sind aufgrund des Stichprobencharakters der durchgeführten Untersuchungen aber nicht möglich.

Der analog zu den Bodenproben untersuchte Grünaufwuchs zeigt erhöhte Gehalte an Blei, Zink, Quecksilber und Cadmium. Vor allem die Zinkanreicherung am Probenpunkt 1632009 ergibt mit 2300 ppm einen auffallend hohen Wert. Die vorhandenen Schwermetallkonzentrationen im Grünaufwuchs stellen auf jeden Fall eine Belastungssumme dar, die unter dem Aspekt der derzeitigen Nutzung als Weidefläche bei der Beurteilung möglicher Transferpfade zu berücksichtigen ist.

Weitere Bodenanalysen wurden im Rahmen der Bodenzustandsinventur der Steiermark vom Landwirtschaftlichen Versuchszentrum Steiermark (Bodenschutzabteilung) durchgeführt. Beim Standort VFE 9, der in der Nähe des Antonistollens gelegen ist, übersteigen fast alle Schwermetalle den Normalwert. Nur die Elemente Kupfer, Molybdän und Arsen sind in allen untersuchten Bodenhorizonten unauffällig. Prinzipiell sind die geogenen Grundgehalte des Bodens schon stark überhöht, bei Zink, Blei und Cadmium ist zusätzlich eine Anreicherung im Oberboden festzustellen, welche offensichtlich auf die Bergbautätigkeiten zurückzuführen ist.

Auffällig ist an diesem Standort auch der extrem hohe Gehalt an Quecksilber (etwa das 6- bis 9-fache des Normalwertes). Die Schwermetallgehalte der an diesem Standort vom Landwirtschaftlichen Versuchszentrum Steiermark untersuchten Grasproben lagen im Gegensatz zu den Ergebnissen der Geologischen Bundesanstalt im normalen Bereich (Landwirtschaftliches Versuchszentrum Steiermark, 2000).

➤ 05H, 06H (Halden des Glückauf-Stollens)

Die Halden des ehemaligen Glückaufstollens befindet sich im untersten Abschnitt des Haneggerbachgrabens. Haldenkörper befinden sich sowohl auf der rechten wie auch auf der linken Seite des Baches. Die bei weitem größere Schüttung ist jene auf der rechten Bachseite (05H); es handelt sich dabei neben der Halde des Oberen Grabbauerstollens (25H) um die von der Kubatur her bedeutendste Halde im Revier Arzwaldgraben. Sie liegt am oberen Ende des im Mündungsbereich des Haneggerbaches ausgebildeten Schwemmkegels. Das verstürzte Mundloch des Glückaufstollens liegt am linken Grabeneinhang hinter dem heute als Wochenendhaus genutzten ehemaligen Betriebsgebäude. Die derzeitige Form und Größe der Halde ist im wesentlichen auf die noch in den 50er Jahren erfolgten Gewältigungs- und Vortriebsarbeiten zurückzuführen. Mit Einstellung der Arbeiten im Jahr 1954 wurde eine verschüttete Fläche von 1210 m^2 registriert (Lageplan im Archiv der Berghauptmannschaft Graz). Das Volumen beträgt etwa 8500 m^3. Die Oberfläche der Halde wurde mit Inertmaterial abgedeckt. Die Länge des 3-stufigen Haldenkörpers beträgt etwa 75 m, die maximale Breite (im unteren Bereich gegen das Haupttal zu) 25 m, die Schütthöhe im unteren Teil bis über 10 m. Aktuell wird die Fläche forstwirtschaftlich genutzt (Fichtenjungwuchs), ihre südliche Begrenzung fällt mit dem

Waldrand zusammen. Das nächstgelegene Wohnhaus befindet sich in einer Entfernung von ca. 40 m.

Der entlang der östlichen Haldenbegrenzung fließende Haneggerbach erodiert bei hoher Wasserführung Teile des Haldenfußes. Am Haldenfuß befindet sich ein kleiner Quellaustritt.

- **07H (Halde des Josefistollens)**

25 m über dem Glückauf-Stollen befand sich auf der orographisch linken Talseite des Haneggerbachgrabens der Josefistollen, der ebenfalls in den 50er Jahren gewältigt wurde. Das Mundloch des Josefistollens ist noch teilweise offen. Die Verebnung des Haldentisches wird als Umkehr- und Lagerplatz am Ende eines Forstweges genutzt. Die Länge der Josefistollenhalde beträgt etwa 15 m, ihre Breite knapp 20 m, die Schütthöhe – aufgrund der Steilheit des Geländes – zwischen 5 und 15 m. Das Volumen beträgt etwa 2000 m^3. Östlich der Halde liegt eine landwirtschaftlich genutzte Fläche (Viehweide), die steil gegen den Haneggerbachgraben abfallende Haldenböschung ist bewaldet. Neben Grünschiefern und Karbonaten sind im Haldenmaterial häufig erzführende Komponenten (Baryt, Bleiglanz und Zinkblende) zu finden. Wasseraustritte sind weder im Bereich des Stollenmundloches noch in unmittelbarer Nähe des Haldenfußes zu verzeichnen.

- **12H (Halde des Johann-Nepomukstollens)**

Die langgezogene Halde des verbrochenen Johann-Nepomukstollens liegt auf der orographisch linken Talseite des Haneggerbaches etwa 100 m nördlich des Glückaufstollens. Die Länge der Halde beträgt etwa 70 m, ihre Breite zwischen 10 und 15 m, die maximale Schütthöhe im südlichen Teil etwa 7 m. Das Volumen beträgt etwa 3600 m^3. Das Areal ist zur Gänze forstwirtschaftlich genutzt. Im Haldenmaterial sind neben Grünschiefern und Karbonaten nur untergeordnet erzführende Komponenten (Baryt, Bleiglanz und Zinkblende) zu finden, allerdings erlauben die Aufschlussverhältnisse keine exakten Angaben. Der Haneggerbach verläuft unmittelbar entlang des westlichen Haldenfußes, wodurch bei Hochwasser die Möglichkeit des Materialabtrages besteht. Eine alte Quellfassung befindet sich unterhalb des südlichen Haldenfußes in Bachnähe.

➢ 18H

Die Halde des namentlich nicht bekannten Einbaues, dessen Mundloch noch nicht zur Gänze verstürzt ist, liegt in etwa 700 m Seehöhe in der Nähe eines meist trockenliegenden linken Zubringers zum Haneggerbach. Sie wird durch eine in jüngster Vergangenheit errichtete Forststraße angeschnitten. Der etwa 30 m lange, 25 m breite und maximal 12 m mächtige Haldenkörper weist ein Volumen von ca. 6000 m^3 auf. Das Material dieser und der etwa 50 m nordöstlich liegenden Halde 19H wurde gezielt als Schüttmaterial im Wegebau eingesetzt. Im Haldenmaterial (und damit in der Straßenschüttung) findet man neben Grün- und Schwarzschiefer reichlich Baryt, Bleiglanz und Zinkblende.

Abbildung 1.2: Halde 18

➢ 24H, 25H (Halden des Oberen Grabbauerstollens)

Die auf etwa 700 – 730 m Seehöhe gelegenen Halden liegen im Muldenbereich zwischen den Gehöften Bodlos und Grabenbauer. Der bei weitem größere untere Haldenkörper (25H) weist eine Länge von etwa 40 m, eine Breite von etwa 25 m und eine maximale Schütthöhe von 15 m auf. Mit einem Volumen von ca. 12000 m^3 ist er die größte Halde im Revier Arzwaldgraben. Das völlig verstürzte Mundloch des Stollens befindet sich am Fuß einer Steilstufe unmittelbar nördlich des Schüttareals. Die schlechten Aufschlussverhältnisse erlauben nur eine grobe Abschätzung des Stoffinventars. Außer Nebengesteinskomponenten (gebänderter Kalk, Serizit-, Schwarz- und Grünschiefer) findet man reichlich Bleiglanz und Zinkblende. Das gesamte Areal wird forstwirtschaftlich genutzt.

Im Rahmen des GBA-Projektes ÜLG 36/93 wurden im oben beschriebenen Bereich zwei Bodenproben gezogen, wobei der erste Probenpunkt (1632001) am Fuß der Halde 24H, der zweite als Referenzpunkt außerhalb des eigentlichen Abbaugebietes lag (1632002). Das Bodenprofil am Fuß der Halde 24H wies keine signifikant erhöhten Schwermetallgehalte auf. Gegenüber der Referenzprobe waren lediglich die Gehalte an Blei (71 – 113 ppm) und Zink (173 – 177 ppm) etwas erhöht (GBA 1994). Allerdings dürften diese relativ niedrigen Werte nicht repräsentativ für den gesamten Ablagerungsbereich sein, da aufgrund der in den wenigen Aufschlüssen beobachtbaren reichlichen Erzführung für die Haldenböden höhere Belastungen zu erwarten sind.

➢ 22H, 23H

Etwa 50 m nordöstlich der Halde 24H schließt eine Weidefläche an, die bis zum Kamm des Schenkenberges reicht. Auch auf dieser Fläche befinden sich einige, allerdings kleinräumige und nur mehr schlecht erkennbare Haldenreste (22H, 23H). Im Bereich dieser Weidefläche wurden vom Landwirtschaftlichen Versuchszentrum Steiermark (Bodenschutzabteilung) weitere Bodenanalysen im Rahmen der Bodenzustandsinventur durchgeführt. Die beiden Standorte VFE 10 und VFE 11 sind nur 30 m voneinander entfernt. Der Punkt VFE 11 liegt mitten auf einer begrünten Halde. Es wurden bei der Einrichtung der Untersuchungsstellen kleinsträumige Unterschiede im Schwermetallgehalt vermutet. Aus dem Vergleich der Oberböden ist jedoch zu entnehmen, dass beide Standorte extrem starke Belastungen aufweisen, wobei vor allem die Bleigehalte sehr hohe Werte erreichen. Dies spricht dafür, dass Haldenmaterial im Zuge der landwirtschaftlichen Nutzung über einen wesentlich größeren Bereich verteilt wurde, als es aus der aktuellen Oberflächenmorphologie erkennbar ist. Auffällig hoch sind an beiden Standorten auch die Gehalte an pflanzenverfügbarem Zink. Sie betragen 126 (VFE 10) bzw. 557 mg/kg (VFE 11), wobei laut Düngerichtlinien schon ein Gehalt von mehr als 20 mg/kg als „sehr hoch“ einzustufen ist. Bei jeweils einer Grasprobe wurden leicht erhöhte Gehalte an Blei bzw. Cadmium registriert. Es kommt aber zu keinen Überschreitungen der Futtermittel-Richtwerte (Landwirtschaftliches Versuchszentrum Steiermark, 2000).

1.5. BÖDEN DER PROBENFLÄCHEN

Die Böden der beprobten Halden beider Bergbaureviere zeigen durchwegs zwei Bodenhorizonte. Einem geringmächtigen Oberboden (2 – 5 cm) folgt das sandig bis kiesige (grusige) Haldenmaterial (Unterboden).

Die humusreichen (kohlenstoffreichen) Oberböden (Horizont – A_h) werden teilweise noch von Auflagenhorizonten (O_h) überdeckt [siehe Tabelle 4.2], die aber eine enge Vermischung mit den A-Horizonten zeigen. Daher wurde bei der Probennahme auf eine kaum mögliche Trennung dieser beiden Horizonte (A_h+O_h) verzichtet Diese O-Horizonte sind durch nicht oder nur schwach zersetzte Fichtennadelstreu charakterisiert. Somit kann der Auflagenhumus als Rohhumus bestimmt werden. Die Böden lassen sich als Rohböden (Syroseme) ansprechen.

Die Böden der Probennahmeflächen sind nicht natürlich entstanden. Nachdem die Halden aufgeschüttet waren, wurden diese mit humusreicher Erde bedeckt, um eine Begrünung zu ermöglichen. Meist pflanzte man Fichten (Picea abies) zur forstwirtschaftlichen Nutzung. Fichten sind raschwüchsige Flachwurzler und eignen sich daher besonders gut zur raschen, ökonomischen Bedeckung und Festigung von Haldenflächen durch einen Baumbestand.

In der näheren Umgebung der Halden gehören die Böden zur Klasse der Kalk-Braunlehm-Böden (kalkiges Ausgangssubstrat). Auch das unkontaminierte Referenzprofil besitzt einen kalkig-lehmigen Unterboden.

Das Haldenmaterial (B-Horizont) zeigt vor allem Sandfraktionen (0,063 – 2 mm) und Grusfraktionen (2 – 63 mm). In etwas größerer Tiefe wird auch faustgroßes und größeres Abraummaterial vorgefunden. In den Unterböden werden teilweise erhöhte Humusgehalte durch Auswaschung von kohlenstoffreichem Material aus den Oberböden gefunden. Die Farbe des Haldenmateriales ist meist grau bis blaugrau.

2. SCHWERMETALLBINDUNG UND -MOBILITÄT IN BÖDEN

2.1. MECHANISMEN DER METALLBINDUNG IN BÖDEN

Böden weisen von Natur aus einen gewissen Schwermetallgehalt auf. Er rührt von der verwitterungsbedingten Freisetzung jener Spurenelemente her, die im Ausgangsgestein gebunden vorliegen. Der Boden stellt aber auch die wichtigste Senke für jene Schwermetalle dar, die durch die industriellen Aktivitäten des Menschen in den ökologischen Kreislauf gelangen. Der Boden verfügt jedoch nur über eine begrenzte Kapazität zur Festlegung dieser Elemente. Wird diese Kapazität erreicht oder überschritten, hat dies eine vermehrte Mobilität und Verfügbarkeit und somit eine (verstärkte) Entfaltung der toxischen Wirkung der Schadstoffe im Ökosystem zur Folge. Geochemisch gesehen können natürlich oder anthropogen eingetragene Schwermetalle in folgender Form vorliegen (ADRIANO 1986):

- gelöst in der Bodenlösung
- adsorbiert an organische und anorganische Bodenaustauscher
- eingeschlossen in mineralischen Bestandteilen
- gefällt in Verbindung mit anderen Bodenbestandteilen
- eingebunden in lebende Bodenorganismen

Bindungsform	**Reaktion**
ionogen, austauschbar (gebunden an Tonminerale wie Kaolinit, Illite, ...)	$(S)^{2-}\overline{Me}^{2+} + Me^{2+}$? $(S)^{2-}Me^{2+} + \overline{Me}^{2+}$
adsorptiv (an Oberflächen z.B. von Fe-, Mn- Oxiden)	$(S)Me^{2+}$? $(S) + Me^{2+}$
chemisch-gebunden (an Substratbestandteile)	$(S)OMe + (H^+, OH^-, L)$? $Me^{2+} + ...$
schwerlösliche (anorganische) Verbindungen (als Niederschläge oder auch Kopräzipitate)	$MeCO_3$ MeS $+ 2 H^+$? $Me^{2+} + ...$ $Me(OH)_2$
organisch-komplexiert	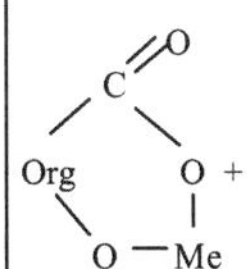 $+ 2 H^+ (L)$? $Me^{2+} + ...$ (MeL_x)
gebunden in Kristallgittern (auch in Form von Okklusionen)	$(S) + (HF)$? $Me^{2+} + ...$
S: Boden(soil)-, Sedimentbestandteil, L: Komplexbildner (Ligand)	

Tabelle 2.1: Mögliche Bindungsformen von Metallen in Böden und Sedimenten, sowie Reaktionen, die zu einer Freisetzung als Metallionen oder lösliche Metallkomplexe führen (nach Pickering Anal. Chem. [Nov. 1981], 233-266)

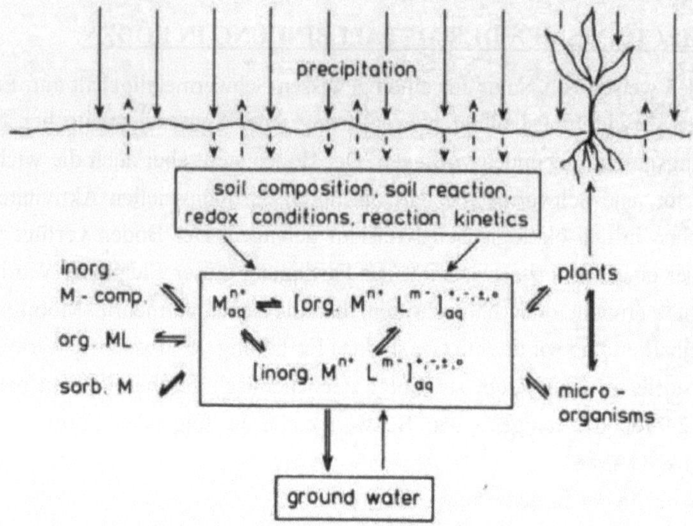

Abbildung 2.1: Schwermetallbindungsformen und -reaktionen in Böden
M = Metallion, L = Komplex-Ligand

Schwermetalle die in der Bodenlösung gelöst sind oder an organische und anorganische Bodenaustauscher adsorbiert sind, sind zumindest zum Teil mobil und pflanzenverfügbar, die letzteren sind immobil, können aber unter bestimmten Voraussetzungen in die mobile Phase übergehen (ADRIANO 1986).

Zu welchen Anteilen die Metalle gelöst bzw. in der Feststoffphase des Bodens gebunden vorliegen, wird durch physikalisch-chemische Wechselbeziehungen zwischen dem Stoffbestand der Bodenmatrix (Gehalt an organischer Substanz, Tonmineralen und Al-, Mn- und Fe-Oxiden) und den gelösten Schwermetallionen sowie deren Konzentration in der Bodenlösung bestimmt. Diese Vorgänge lassen sich auf Grund der Komplexität des Systems Boden und der Vielzahl beteiligter Komponenten nicht exakt beschreiben und sind noch nicht hinreichend erforscht (BLUME 1992). Zu den Mechanismen, die die Verteilung des Schwermetallgehaltes zwischen Bodenlösung und Festphase und damit die Mobilität im Ökosystem bestimmen, zählt ALLOWAY (1999):

- Kationenaustausch (unspezifische Adsorption)
- spezifische Adsorption

- Fällungs- und Lösungsreaktionen (Ausfällung schwerlöslicher, definierter Verbindungen wie Phosphate, Sulfate)
- Bildung organischer und anorganischer Komplexe
- Einbau und Okklusion

Metall	% adsorb.	Me_t	Me^{2+}	hauptsächlich vorliegende Bindungsformen
Saurer Boden				
Ni (II)	82,1	$10^{-5,8}$	$10^{-5,9}$	Ni^{2+}, $NiSO_4^0$, organische Komplexe
Cu (II)	36,6	$10^{-5,7}$	$10^{-6,4}$	organische Komplexe, Cu^{2+}, $CuSO_4^0$
Zn (II)	98,1	$10^{-6,6}$	$10^{-6,8}$	Zn^{2+}, $ZnSO_4^0$
Cd (II)	78,7	$10^{-8,3}$	$10^{-8,4}$	Cd^{2+}, $CdSO_4^0$, $CdCl^+$
Pb (II)	42,1	$10^{-7,3}$	$10^{-7,7}$	Pb^{2+}, organische Komplexe, $PbSO_4^0$, $PbHCO_3^+$
Alkalischer Boden				
Ni (II)	99,1	$10^{-8,0}$	$10^{-9,0}$	$NiCO_3^0$, $NiHCO_3^+$, $NiB(OH)_4^+$
Cu (II)	75,6	$10^{-6,0}$	$10^{-8,1}$	organische Komplexe, $CuCO_3^0$, $CuB(OH)_4^+$
Zn (II)	100,0	$10^{-8,5}$	$10^{-9,0}$	$ZnHCO_3^+$, Zn^{2+}, $ZnSO_4^0$, $ZnCO_3^0$
Cd (II)	99,7	$10^{-10,1}$	$10^{-10,5}$	Cd^{2+}, $CdSO_4^0$, $CdCl^+$
Pb (II)	76,4	$10^{-7,7}$	$10^{-9,6}$	$PbCO_3^0$, $PbHCO_3^+$, $Pb(CO_3)_2^{2+}$

Tabelle 2.2: Adsorbierte Anteile, Konzentrationen (Angaben in mol/l) der insgesamt (Me_t) und in Form zweiwertiger hydratisierter Ionen (Me^{2+}) gelöster sowie hauptsächlich vorliegende Bindungsformen von Metallen in Böden BLUME (1992).

In den folgenden Unterkapiteln wird ein Überblick über die oben genannten Bindungsmechanismen (mit Schwerpunkt auf die bei saurer Bodenreaktion dominierenden sowie am besten erforschten) Adsorptionsprozesse gegeben.

2.1.1. Kationenaustausch (unspezifische Adsorption)

Der Kationenaustausch in Böden ist für den Stoffhaushalt und die Festlegung von Schadstoffen in terrestrischen Ökosystemen von zentraler Bedeutung. Kationen werden auf diese Weise in einer Form gehalten, aus der sie nur im Austausch gegen andere positiv geladene Ionen in die Bodenlösung übertreten und erst dann verlagerbar oder pflanzenverfügbar werden. Das Wesen des Kationenaustausches besteht darin, dass die Adsorption von Kationen (z. B. Schwermetall-Ionen) an negativ geladene Bodenbestandteile mit der Desorption einer äquivalenten Menge anderer Kationen einhergeht. Die austauschbaren Kationen bilden den Kationenbelag, ihre Summe die Kationenaustauschkapazität (KAK) mit der Angabe in mmol/Ieq (Millimol pro Ionenequivalent). Vom Gehalt an Austauschern, der Größe ihrer zugänglichen Oberfläche und der Art und Höhe ihrer Ladung hängt daher das Ausmaß der KAK der Böden ab.

Die wichtigsten Kationenaustauscher der Böden sind Tonminerale und Huminstoffe, während den Oxiden und Hydroxiden auf Grund ihres geringen Mengenanteils im Boden weniger Bedeutung zukommt.

Die Bindung von Kationen setzt also voraus, dass die Oberfläche der Austauscher negativ geladen ist. Dabei sind nach ihrer Entstehung zwei verschiedene Arten negativer Ladung zu unterscheiden:

- permanente Ladung

Sie entsteht durch isomorphen Ersatz von höherwertigen durch niederwertigere Kationen in der Kristallstruktur von Tonmineralen. Als permanent wird sie deshalb bezeichnet, weil ihre Höhe und damit die durch sie bedingte KAK von äußeren Bedingungen unabhängig ist.

- variable Ladung

Sie kommt zustande, wenn (z. B. durch Anstieg der OH-Ionen-Konzentration in der Bodenlösung) Protonen von oberflächennahen OH^-- und OH_2-Gruppen der Austauscher dissozieren und hier eine negative Ladung hinterlassen, die durch ein Metallkation abgesättigt wird. Mit steigendem pH der Bodenlösung werden zunehmend schwächer saure Gruppen erfasst und tragen zum Kationenaustausch bei. Die KAK nimmt also mit steigendem pH-Wert zu. Außerdem steigt die H^+-Dissoziation mit steigender Salzkonzentration der Bodenlösung und zunehmender Wertigkeit der Kationen. Wegen dieser Abhängigkeiten nennt man die Ladung an den funktionellen Gruppen variabel.

Im Gleichgewichtszustand ist die Zusammensetzung des Kationenbelages nach bestimmten Regeln mit der Bodenlösung verknüpft. Der Anteil eines Kations am Belag steigt mit seinem Anteil in der Lösung, konkurriert also mit anderen Ionen um Austauschplätze. Sein Erfolg dabei hängt neben der Konzentration in der Lösung von seiner Konkurrenzfähigkeit ab: So steigt die Eintauschstärke eines Kations innerhalb einer Periode mit seiner Wertigkeit und innerhalb einer Gruppe, also bei gleicher Wertigkeit, mit größer werdendem Ionenradius. Der Einfluss der Wertigkeit kommt daher, dass die Anziehung des Kations durch die negative Ladung mit steigender Kationenladung zunimmt, jener des Ionenradius daher, dass ein Ion umso fester gebunden wird, je näher es der Austauscheroberfläche kommt. Die Hydratation eines großen Ions ist bei gleicher Wertigkeit geringer als die von kleinen, daher können sie sich der Austauscheroberfläche besser nähern.

Tonminerale haben je nach ihrer Kristallstruktur und -chemie sehr unterschiedliche Ladungsverhältnisse. Bei den Schichtsilikaten herrscht die permanente Ladung vor, ihre Nettoladung ist daher über den gesamten pH-Bereich negativ. Daneben entstehen an den Seitenflächen der Tonminerale variable Ladungen durch Protonendissoziation der OH-Gruppen randständiger Zentralatome.

Oxide und Hydroxide von Al, Fe und Mn besitzen ausschließlich variable Ladungen, tragen also pH-abhängig durch Protonenabgabe zur KAK bei.

Huminstoffe verdanken ihre negative Ladung der Dissoziation von Protonen von Carboxyl-, Enol,- oder Phenolgruppen, weisen also ebenfalls ausschließlich variable Ladungen auf. Ihr Beitrag zur KAK ist wesentlich höher als jener der Tonminerale (SCHEFFER & SCHACHTSCHABEL 1992).

2.1.2. Spezifische Adsorption

Durch die besondere Struktur verschiedener Austauscher kommt es zu einer (sterischen) Bevorzugung einzelner Kationen, unabhängig von den oben beschriebenen Einflüssen von Ladung und Hydratation. Sie ist nicht mehr - wie bei der unspezifischen Adsorption - ausschließlich auf elektrostatische Wechselwirkungen zwischen Kation und negativ geladenen Austauschern zurückzuführen. An der spezifischen Adsorption sind zusätzlich kovalente Bindungen und van der Waals-Kräfte beteiligt. Diese Kräfte sind zwar ähnlich hoch wie die elektrostatischen, allerdings nicht so weitreichend, und wirken daher auf Ionen, die sich der Oberfläche besonders stark nähern können. So können Schwermetalle zu einem weit größeren Ausmaß im Boden fixiert werden, als dies durch die Höhe der KAK zu erwarten wäre. BRÜMMER (1986) zeigte zum Beispiel, dass die Bindungskapazität von amorphen Fe- und Al-Oxiden 7 bis 26 mal höher liegen kann als ihre KAK (SCHEFFER & SCHACHTSCHABEL 1992).

Die spezifische Adsorption ist streng pH-abhängig und eng mit der Hydrolyse von Schwermetallionen verknüpft. Mit steigendem pH-Wert treten diese in steigendem Maße als (bevorzugte) Hydroxo-(MOH^+)-Ionen auf. Der Wert der Stabilitätskonstanten pK für die Reaktion [$M^{2+} + H_2O = MOH^+ + H^+$] bestimmt die Tendenz der verschiedenen Kationen zur spezifischen Adsorption. Sie steigt mit sinkendem pK-Wert, bei gleichem pK-Wert (Pb und Cu) mit zunehmendem Ionenradius in der Reihenfolge Cd (pK = 10,1) < Zn (9,0) < Cu (7,7) < Pb (7,7), (ALLOWAY 1999). Cd und Zn bilden erst bei relativ hohen pH-Werten die Schwermetallbindung bevorzugenden Hydroxo-Ionen und werden daher erst "spät" spezifisch gebunden, Cu und Pb bereits bei deutlich niedrigerem pH (SCHEFFER & SCHACHTSCHABEL 1992). Den größten Anteil zur spezifischen Adsorption liefern die Hydroxide von Fe, Al und Mn (ALLOWAY 1999).

2.1.3. Fällungsreaktionen

Wenn die physikalisch-chemischen Bedingungen es zulassen und die Konzentration passender Ionen hoch genug ist, können Schwermetallionen als definierte, schwerlösliche Verbindungen aus der Bodenlösung ausfallen. Diese Fällungsreaktionen können somit die Lösungskonzentration mitbestimmen (ALLOWAY 1999). Ihr Beitrag zur Schwermetallbindung ist allerdings relativ gering. Als Beispiele für solche definierten Verbindungen seien Zinksilikat, Bleiphosphat und Cd-Karbonat genannt.

Ein Spezialfall der Fällung ist die Mitfällung. Davon spricht man, wenn Schwermetallionen, deren Löslichkeitsprodukt noch nicht überschritten ist, anstelle ähnlicher Metalle in ausfallende Kristalle eingebaut werden (LEWANDOWSKI et al. 1997). Es entstehen sogenannte Mischkristalle.

Ob die Lösungskonzentration einzelner Metalle durch Fällungs-/Lösungsreaktionen oder durch Ad- und Desorptionsprozesse bestimmt wird, hängt von den im Boden gebundenen Metallmengen sowie Art und Kapazität spezifischer Bindungspositionen an den Oberflächen der Bodenpartikel ab. Adsorptionsprozesse sind umso wahrscheinlicher, je niedriger der Gehalt an nichtsilikatisch gebundenen Metallmengen und je höher die Kapazität der spezifischen Bindungspositionen ist.

Je höher aber die gebundene Metallmenge und je schwerer löslich mögliche definierte Bindungsformen sind, umso wahrscheinlicher werden Fällungsreaktionen als löslichkeitsbestimmende Prozesse (HERMS & BRÜMMER 1984). Zu diesem Unterschied kommt es, da bei der chemischen Fällung mit Erreichen des Löslichkeitsproduktes einer definierten Verbindung jede weiter zugeführte Metallmenge in unlöslicher Form ausfällt, sodass die Lösungskonzentration trotz steigender Gesamtgehalte solange gleich bleibt, wie ein Überschuss an fällend wirkenden Substanzen besteht.

Dagegen nimmt bei der Adsorption mit steigender Metallmenge der Anteil in der wässrigen Phase relativ zu den Gesamtgehalten zu, sodass Lösungskonzentration und Verfügbarkeit steigen (HERMS & BRÜMMER 1984).

Außerdem unterscheiden sich Adsorption und Fällung durch die Art ihrer Bindungspartner: Der Partner bei der Adsorption ist die feste Bodenmatrix, bei der Fällung dagegen ein gelöstes Ion.

2.1.4. Komplexierung

Adsorbierte Schwermetalle können komplex an die Oberfläche der festen Bodenmatrix gebunden, also immobil sein. Es gibt aber auch Komplexverbindungen mit gelösten Stoffen, die mobil und daher verfügbar sind. Obwohl diese Schwermetall-Komplexe im Bodenwasser gelöst sind, liegen sie nicht als gelöste Ionen vor. In das Löslichkeitsprodukt gehen aber nur Ionen ein. Komplexbildner im Boden führen somit dazu, dass ausgefällte Schwermetallverbindungen wieder in Lösung gehen (LEWANDOWSKI et al. 1997).

Neben ihrem Beitrag zum Kationenaustausch adsorbieren Teile der organischen Substanz Metallionen durch Bildung löslicher metallorganischer Komplexe und beeinflussen so die Löslichkeit von Schwermetallen. Als Komplexbildner wirken Fulvo- und Huminsäuren sowie niedermolekulare organische Stoffe. Sie binden die Metalle durch ihre funktionellen Gruppen wie Carboxyl (–COOH), Carbonyl (=CO) und phenolische Hydroxyle. Die Bindung zwischen Metallion und organischem Liganden kann dabei durch elektrostatische Kräfte und/oder durch kovalente Bindungen mit gemeinsamen Elektronen-Paaren zwischen Metall- und O- oder N-Atomen erfolgen.

Die Löslichkeit der metallorganischen Komplexe wird entscheidend vom Mol-Verhältnis zwischen Komplexbildner und Metall in der Verbindung bestimmt. Mit zunehmendem Metallangebot wird das Verhältnis enger, immer schwerer lösliche Komplexe entstehen. Mit steigendem pH-Wert werden zunehmend metallorganische Komplexe mit weitem Molverhältnis gebildet, sodass deren Löslichkeit zunimmt.

Bei Cu steigt z.B. der komplexierte Anteil in der Bodenlösung oberhalb pH = 5,5 stark an, bei Zink erst über pH = 6,5 (SCHEFFER & SCHACHTSCHABEL 1992).

2.1.5. Einbau und Okklusion

Neben Adsorption und Fällung können Schwermetalle auch durch Okklusion und Einbau festgelegt sein. Sie können im Inneren von Tonmineralen (isomorpher Ersatz), Huminstoffen (Molekülstruktur) und Ton-Humuskomplexen (als Brückenatome) eingebaut werden. Dies geschieht bei Entstehung und Umbau dieser Stoffe sowie – im Falle der Tonminerale – durch Diffusion in das Kristallgitter. Bei der Okklusion kommt es zu einem räumlichen Einschluss der Metalle beim Wachstum pedogener Oxide oder ausgefällter Kristalle. Die Freisetzung dieser Schwermetalle erfolgt durch Verwitterung sowie Ab- und Umbau der Verbindungen (LEWANDOWSKI et al. 1997).

2.2. MOBILITÄTSBEEINFLUSSENDE FAKTOREN

Löslichkeit und Bindung der Schwermetalle in Böden werden durch ein sehr komplexes Wechselspiel zwischen den verschiedenen mobilisierend und immobilisierend wirkenden Einflussgrößen bestimmt. In diesem Kapitel soll versucht werden, einen groben Überblick über die bisher bekannten Einflussgrößen der Schwermetallbindung und -mobilisierung zu geben.

2.2.1. pH-Wert/Puffersysteme

Der mit Abstand größte Einfluss auf die Mobilität von Schwermetallen ist dem pH-Wert der Bodenlösung zuzuschreiben (SCHEFFER & SCHACHT-SCHABEL 1992; ALLOWAY 1999; ADRIANO 1986). Bei abnehmendem pH nimmt die Löslichkeit der Schwermetalle in Böden mit geringeren Anteilen an organischer Substanz in der Reihenfolge Pb < Cu < Zn < Cd zu. Der Einfluss der Bodenreaktion beruht unter anderem darauf, dass Schwermetalle mit steigendem pH vermehrt Hydroxo-Metallkomplexe bilden und damit die spezifische Adsorption gegenüber der unspezifischen zunimmt.

Da sich die Metalle hierin stark unterscheiden, kommt es zu einer unterschiedlich starken Mobilisierung durch eine pH-Wert-Senkung. So überwiegt bei Cd bereits im schwach sauren Milieu die schwache, unspezifische Adsorption, bei Pb hingegen erst im stark sauren Bereich (LEWANDOWSKI et al. 1997; HERMS & BRÜMMER 1980). Für die verschiedenen Metalle können Grenz-pH-Werte angegeben werden, bei deren Unterschreitung es zu einer vermehrten Mobilisierung kommt [siehe Tabelle 2.3]. Die Löslichkeit mancher Schwermetalle (vor allem Cu) kann allerdings im alkalischen Milieu wieder zunehmen, weil die Löslichkeit der Huminstoffe und damit der metallorganischen Komplexe ansteigt (HERMS & BRÜMMER 1984).

Metall	Grenz-pH	substratbedingte Bindungsstärke[1)] unterhalb des Grenz-pH[2)] durch		
		Humus	Ton	Sesquioxide[3)]
Cd	**6**	**4**	**2**	**3**
Mn	5,5	2	3	3
Ni	5,5	3-4	2	3
Co	5,5	3	2	3
Zn	**5,5**	**2**	**3**	**3**
Al	5,5	5	4	4
Cu	4,5	5	3	4
Cr^{III}	4,5	5	4	5
Pb	**4**	**5**	**4**	**5**
Hg	4	5	4	5
Fe^{III}	3,5	5	5	5

1) relative Bindungsstärke: 1 = sehr gering, 2 = gering, 3 = mittel, 4 = stark, 5 = sehr stark
2) oberhalb des Grenz-pH starke Akkumulation durch Oxidbildung (Al, Fe, Mn) und Bindung von Hydroxokomplexen (übrige)
3) Sesquioxide = Fe-, Al, Mn-Oxide

Tabelle 2.3: Substratbedingte, relative Bindungsstärke für Metallionen und Grenz-pH, bei dessen Unterschreitung es zu einer Mobilisierung kommt

Um das Löslichkeitsverhalten der Elemente in Abhängigkeit vom pH-Wert trotz unterschiedlicher Gesamtgehalte vergleichen zu können, bildeten HERMS & BRÜMMER (1984) die Quotienten aus gelöstem und gebundenem Anteil der Elemente [siehe Abbildung 2.2]. Bei gleichem pH-Wert ergibt sich folgende Reihe zunehmender Bindungsstärke: Cd < Zn < Cu < Pb. Außerdem nimmt, wie in vorigen Kapiteln bereits erläutert, mit steigendem pH-Wert die Zahl der zur Verfügung stehenden Bindungsplätze für Schwermetallionen zu.

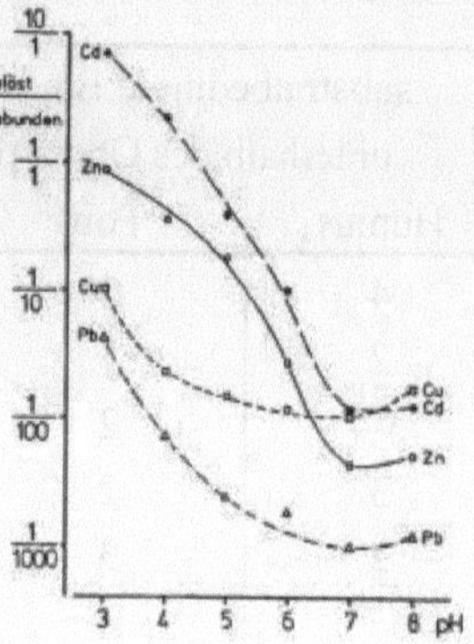

Abbildung 2.2: Verhältnis von gelöster zu gebundener Schwermetallmenge in Abhängigkeit vom pH-Wert (nach HERMS und BRÜMMER 1984)

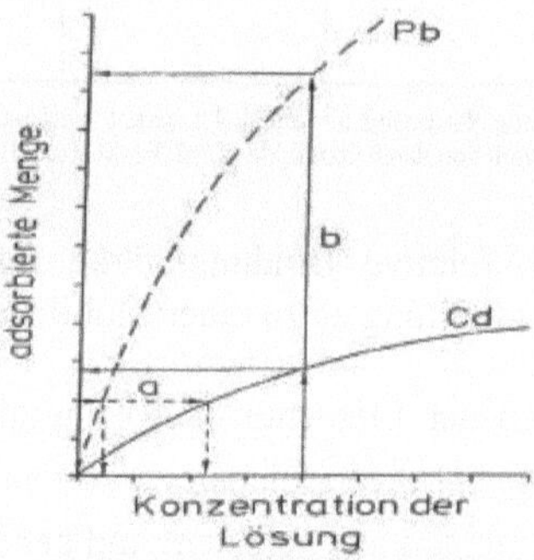

Abbildung 2.3: Adsorptionsisothermen von Cd und Pb

2.2.2. Schwermetallgesamtgehalt

Mit zunehmender Menge eines Schadstoffes im Boden steigt auch dessen Konzentration in der Bodenlösung. Die Stärke dieser Beziehung zwischen gesamter und mobiler Menge ist jedoch abhängig von den Eigenschaften der Elemente. Abbildung 2.3 zeigt dies anhand von Adsorptionsisothermen von Cd und Blei. Bei gleicher adsorbierter Menge ist die Konzentration von Cd in der mobilen Phase wesentlich größer als die von Pb (SCHEFFER & SCHACHTSCHABEL 1992).

2.2.3. Redoxpotential

Unter oxidischen Bedingungen, wie sie in gut durchlüfteten Böden herrschen, sind Oxide weitgehend stabil. In wassergesättigten Bodenschichten stellen sich nach dem Verbrauch des O_2-Vorrates durch Mikroorganismen reduzierende Bedingungen ein. Das Mn und Fe der Oxide und Hydroxide wird reduziert, diese verwittern und lösen sich auf. Schwermetallionen, die in diesen Oxiden gebunden waren, werden dadurch in Lösung gebracht. Andererseits können unter reduzierenden Bedingungen Schwermetalle als Sulfide ausgefällt und damit immobilisiert werden. Die Veränderung des Redoxpotentials kann also sowohl zu einer Mobilisierung als auch zur Festlegung von Schadstoffen führen. Generell gilt aber, dass die vorübergehende Mobilisierung überwiegt (LEWANDOWSKI et al. 1997).

2.2.4. Bindungspartner

Die Bindungspartner der Schwermetalle wie Tonminerale, organische Substanz sowie pedogene Oxide und Hydroxide erhöhen die Schwermetall-Bindungskapazität des Bodens. Es bestehen allerdings zahlreiche komplexe Wechselwirkungen untereinander und mit den mobilitätsbestimmenden Parametern.

Im folgenden werden die Bindungseigenschaften der wichtigsten Bodenkomponenten umrissen. Dabei ist zu berücksichtigen, dass im Boden viele Wechselwirkungen zwischen den einzelnen Komponenten untereinander und zu anderen Bodenparametern bestehen, die die Festlegung der Schadstoffe erheblich beeinflussen. Diese sind zu komplex, um sie hier vollständig darzustellen und außerdem nicht ausreichend erforscht (LEWANDOWSKI et al. 1997).

<u>a) Organische Substanz</u>

Zur organischen Substanz des Bodens gehören alle abgestorbenen tierischen und pflanzlichen Stoffe (Aminosäuren, Wachse, organische Säuren) sowie deren Umwandlungsprodukte. Letztere werden auch als Huminstoffe bezeichnet. Es handelt sich dabei um stark umgewandelte, hochmolekulare organische Substanzen ohne Gewebestruktur. Ihre große Anzahl an funktionellen Gruppen (Carboxyl, Carbonyl, phenolische Hydroxyle) verleiht ihnen eine hohe (pH-abhängige) Austauschkapazität (SCHEFFER & SCHACHTSCHABEL 1992;

ALLOWAY 1999). Die organische Substanz beeinflusst die Verteilung der Schwermetalle zwischen löslicher und gebundener Form aber in zweierlei Hinsicht. Einerseits trägt sie durch Adsorption zur Festlegung der Schadstoffe bei, andererseits kann sie durch die Bildung von löslichen, metallorganischen Komplexen an deren Mobilisierung mitwirken.

Die Löslichkeit dieser organischen Komplexbildner nimmt mit steigendem pH-Wert zu. Dies deshalb, weil ein pH-Anstieg zu einer Abnahme der Kettenlänge der Huminsäuren führt, was deren Löslichkeit erhöht. (HERMS & BRÜMMER 1984). Außerdem fand sich eine steigende Schwermetallmobilisierung durch organische Komplexbildner in der Reihe Pb < Zn < Cd < Cu. Eine Bildung löslicher Schwermetallkomplexe kann vor allem durch in Zersetzung befindliche Vegetationsreste erfolgen. Es kommt also im Boden in Phasen intensiven mikrobiellen Abbaus vermehrt zur Schadstoffmobilisierung. Dagegen kommt es durch hochmolekulare organische Substanzen zu einer zunehmenden Immobilisierung in der selben Reihenfolge (HERMS & BRÜMMER 1984). In sauren Böden kommt der organischen Substanz eine größere Rolle bei der Immobilisierung von Schwermetallen zu als den mineralischen Bestandteilen (LEWANDOWSKI et al. 1997; HERMS & BRÜMMER 1984).

Eine interessante Wechselwirkung zwischen der organischen Substanz und den pedogenen Fe-Oxiden fanden SCHWERTMANN et al. (1982). Der lösliche Anteil der organischen Substanz wird in vielfältiger Weise an die Fe-Oxide gebunden. Dies führt zu einer Verzögerung bzw. Verhinderung der Kristallisationsprozesse der Oxide und damit zu Veränderungen der Oxidstrukturen. Daraus resultiert eine Vergrößerung der Oberfläche und damit eine Zunahme der Bindungsplätze für Schwermetalle. Die organische Substanz konkurriert mit diesen Oxiden um Bindungspartner.

b) Tonminerale

Tonminerale gehören zu den wichtigsten Produkten der Gesteinsverwitterung. Es handelt sich um kristallisierte, OH-haltige Alumosilikate. Ihre Kristalle bestehen aus Schichten dichtgepackter O- und OH-Ionen, in deren Zwischenräumen Kationen wie Si, Al oder Fe eingelagert sind. Nur selten ist die positive Ladung aller Kationen gleich der negativen aller Anionen (OH und O). Meist kommt es zu isomorphem Ersatz durch gleich große, aber wenigerwertige

Kationen, eine permanente, negative Nettoladung entsteht. Auf Grund dieser negativen Ladung adsorbieren Tonminerale Kationen aus der Bodenlösung in austauschbarer Form. Daneben binden sie Metallionen auch spezifisch an Hydroxylgruppen ihrer äußeren Schichten und beeinflussen so entscheidend die Mobilität von Schwermetallen (SCHEFFER & SCHACHTSCHABEL 1992). In Folge der mit dem Tongehalt ansteigenden KAK stehen in tonreicheren Bodenproben mehr unspezifische Adsorptionsplätze zur Verfügung, die bei saurer Bodenreaktion eine verringerte Löslichkeit der Schwermetalle bewirken (HERMS & BRÜMMER 1984).

c) Pedogene Oxide und Hydroxide

Zu den typischen Verwitterungsneubildungen in Böden gehören die Oxide und Hydroxide des Al, Fe und Mn sowie Oxide von Si und Ti. Da diese Elemente in primären Mineralien überwiegend in Silikaten gebunden sind, werden sie bei der Verwitterung dadurch freigesetzt, dass die silikatische Bindung in Gegenwart von Wasser in eine oxidische übergeht. Diese neu entstandenen Oxide sind zunächst amorph und altern im Laufe der Zeit durch Wasserabspaltung und Umkristallisation zu kristallinen Oxiden. Wegen ihrer geringen Löslichkeit lagern sich die pedogenen Oxide meist an der Oberfläche von Tonmineralen ab (KUNTZE 1994; ALLOWAY 1999). Als Bindungspositionen für Metall-Kationen fungieren randständige OH-Gruppen, die bei neutraler bis basischer Bodenreaktion negativ geladen sind (GERTH 1985). Diese Art der Festlegung ist selektiv, das heißt, manche Kationen werden gegenüber anderen bevorzugt (LEWANDOWSKI et al. 1997). Allgemein steigt die spezifische Adsorption an Fe-Oxiden in der Reihe Cd < Zn < Cu < Pb (DUES 1987).

2.3. KURZCHARAKTERISTIK RELEVANTER SCHWERMETALLE

Zur Verdeutlichung des Gefährdungspotentials historischer Bergbaustandorte werden im folgenden einige relevante Schwermetalle und deren Verhalten im Boden charakterisiert. Es soll unterstrichen werden, dass hohe Schwermetallgehalte in Böden für sich allein nicht in jedem Fall bereits eine Gefährdung bedeuten. Um Aussagen bezüglich der Toxizität der Schwermetalle in den Böden treffen zu können, sind die Schwermetallbindungsformen zu analysieren. Unter den herrschenden physiko-chemischen Bedingungen von alpinen Böden sind die im Zuge der Verwitterung von Haldenmaterial und anstehendem Gestein gebildeten Phasen weitgehend stabil. Eine Freisetzung von Schwermetallen würde erst bei einer starken Versauerung der Böden erfolgen. So zeigen Tonminerale unterhalb etwa pH = 4,5 beginnende Zersetzung, Fe-Hydroxide unterhalb pH = 3,8 (BENECKE 1987).

Element	Konzentrationen in ppm (in Pflanzenmaterial in Trockensubstanz)				
	Normalwert in Böden	Grenzwert in Böden	normal in Pflanzen[1)]	kritisch für Pflanzenwuchs[2)]	kritisch als Tierfutter[3)]
Pb	**0,1 – 60**	**100**	**<0,1 – 5**	**10 – 20**	**10 – 30**
Zn	**3 - 100**	**300**	**25 – 150**	**150 – 500**	**300 – 1000**
Cd	**0,05 – 1**	**3**	**<0,1 – 1**	**5 – 10**	**0,5 – 1**
As	0,1 – 20	20	<0,1 – 1,5	3 – 10	10 – 50
Cr	2 – 50	100	<0,1 – 1	2 – 20	50 – 30000
Hg	0,01 – 0,5	2	<0,1 – 0,2	0,5 – 1	0,1 – 1
Cu	1 – 40	100	3 – 20	15 – 40	10 – 300
Ni	2 – 50	50	<0,1 – 5	20 – 100	50 – 250
Tl	0,01 – 0,5	1	<0,1 – 1	20 – 30	0,5 – 1
Co	1 – 10	50	<0,1 – 0,5	10 – 100	10 – 50
F	20 – 400	200	1 – 5	>50	40 – 200
V	0,01 – 200	–	<0,1 – 2	>10	>10
Mo	0,2 – 5	–	<0,1 – 3	>100	10 – 50
Se	0,01 – 5	5	<0,1 – 4	10 – 100	2 – 5
B	3 – 100	25	5 – 30	>75	>150

1) abhängig von Bodentyp, Ausgangsgestein, Pflanzenart, Pflanzenart und Pflanzenorgan
2) Schwellenwerte, bei denen die Wachstumshemmung von besonders sensitiven Pflanzenarten beginnt
3) verschiedene Haustiere
verändert nach Sauerbeck (1989)

Tabelle 2.4: Elementgehalte von Böden und Pflanzen

In diesem Zusammenhang ist zu beachten, dass in Waldböden (besonders unter Fichten) der pH-Wert abnimmt und damit die Säuredynamik zunimmt (REHFUESS 1990, NEINAVAIE 1994). Die Immobilisierung, die bei den meisten Schwermetallen vor allem in Böden mit einem hohen pH-Wert registriert werden kann, mag daher als Sicherheitsbereich gültig sein, darf aber andererseits nicht bedeuten, dass im Vertrauen auf die Pufferwirkung des Bodens jede Belastung akzeptiert werden kann.

2.3.1. Blei

In Gesteinen und Böden ist Blei im Normalfall ein Spurenelement (< 0,1 Gew.-%). Vulkanische Gesteine zeigen einen kontinuierlichen Anstieg der Bleikonzentration von ultrabasischen zu sauren Vulkaniten.

Da Blei ein chalkophiles Element ist, konzentriert es sich in den Schwefelphasen der Gesteine. Das Haupterzmineral ist das Sulfid Bleiglanz (Galenit). Schätzungen von Bleigehalten in unkontaminierten Böden variieren zwischen

17 mg/kg und 29 mg/kg (ALLOWAY 1990). Blei ist in Böden wenig mobil und weist bei pH-Werten > 5 eine sehr geringe Löslichkeit auf.

Bleiverbindungen im Boden verteilen sich auf die Bodenlösung, die Adsorptionsoberfläche des Ton-Humus-Austauschkomplexes, gefällte Formen, sekundäre Fe- und Mn-Oxide, alkalische Karbonate und den Bodenhumus. Das aus anthropogenen Quellen stammende Blei wird zum größten Teil im O-Horizont angereichert und liegt dort vorwiegend in organischer und oxidischer Bindung vor. Die Pb-Festlegung durch organische Substanzen erfolgt vor allem durch Bildung unlöslicher metallorganischer Komplexe hoher Stabilität.

Bei pH-Werten unter 4 bis 5 weisen Böden mit hohen Gehalten an organischer Substanz eine wesentlich geringere Pb-Löslichkeit auf als Böden mit niedrigen C-Gehalten (MAYER 1981).

2.3.2. Zink

Die Zn-Gehalte in verschiedenen Gesteinen variieren relativ gering. Die höchsten Gehalte sind in mafischen Gesteinen mit 60 – 150 mg/kg bzw. in pelagischen Tongesteinen mit 130 – 150 mg/kg zu finden (MAYER 1981). Das Haupterzmineral ist die Zinkblende (Sphalerit, ZnS). Hohe Zn-Gehalte in Böden treten vor allem als Folge des Abbaues und der Verhüttung von sulfidischen Zinkerzen, landwirtschaftlicher Nutzung von Klärschlamm und Müllkompost sowie der Ausbringung von Kunstdünger und Pestiziden auf. Bei sehr hohen Gehalten in Böden wirkt Zink toxisch auf Pflanzen und Mikroorganismen, während beim Menschen toxische Wirkungen als Folge einer hohen Zn-Aufnahme mit der Nahrung nicht bekannt sind (FRIBERG 1990). Zink gehört zu den relativ mobilen Schwermetallen in Böden. Die Löslichkeit und Verfügbarkeit wird im wesentlichen durch Ad- und Desorptionsprozesse in Abhängigkeit vom pH-Wert und vom Gesamtgehalt an Zink sowie vom Gehalt an Oxiden und Tonmineralen bestimmt. Unter aeroben Bedingungen wird Zink in Böden vor allem durch Mn- und Fe-Oxide sowie Tonminerale gebunden (NORRISH 1975). Die Zn-Löslichkeit steigt bereits bei pH-Werten < 6 stark an (SCHEFFER & SCHACHTSCHABEL 1992 cum lit.). Da Zinkerze in der Regel auch andere Schwermetalle enthalten, ist mit einer Immission von Zink in die Böden oft auch eine Anreicherung von Cadmium, Blei und Kupfer verknüpft.

2.3.3. Cadmium

Das für Pflanzen und Tiere hochtoxische Cadmium ist geochemisch eng mit Zink verbunden. Beide Elemente sind stark chalkophil und besitzen ähnliche Ionenstrukturen sowie Elektronegativitäten. Cadmium kann daher einen Teil des Zinks in Zinkmineralen substituieren.

Die Cadmiumgehalte in Böden hängen stark vom Ausgangsgestein ab.

Gesteinsart	Cd-Gehalte in ppm
magmatisch	0,1 – 0,3
metamorph	0,1 – 1,0
sedimentär	0,3 – 11,0

Tabelle 2.5: Durchschnittliche Cd-Gehalte von Böden (ALLOWAY 1990)

Als eine der Hauptquellen für die Kontamination von Böden durch Cadmium sind Bergbau, Erzaufbereitung und Verhüttung cadmiumhältiger Sulfiderze zu betrachten. In Böden, die durch Pb-Zn-Bergbaue kontaminiert waren, konnten Cd-Gehalte bis 540 mg/kg nachgewiesen werden (ALLOWAY 1990). Cadmium gehört zu den mobilen, relativ leicht verlagerbaren und verfügbaren Schwermetallen. Vor allem in sauren Böden ist die Verlagerungsgeschwindigkeit des Cadmiums hoch, während in neutralen Böden nur eine geringe Cd-Verlagerung stattfindet. Ein beträchtlicher Anstieg der Löslichkeit findet bereits unterhalb von pH 6 statt. Obwohl Cadmium eines jener Elemente ist, das weniger stark durch die organische Bodensubstanz gebunden wird, findet eine Cd-Anreicherung dennoch hauptsächlich in kohlenstoffreichen O-Horizonten (Bodenauflagen) und A-Horizonten (Oberböden) statt. Konkurrenz durch andere Ionen wie Ca, Co, Cr, Cu, Ni, Pb und Zn kann die Adsorption von Cadmium verhindern. Böden, die freies $CaCO_3$ enthalten, können Cadmium adsorbieren und somit seine Bioverfügbarkeit reduzieren (SCHEFFER & SCHACHTSCHABEL 1992).

3. SCHWERMETALLE IN PFLANZEN

3.1. SCHWERMETALLTRANSFER BODEN–PFLANZE

Außer den vorgenannten Bodenfaktoren sind auch die Pflanzen imstande, die Schwermetallverfügbarkeit in der Rhizosphäre zu beeinflussen, so zum Beispiel

- durch Abscheidung von Wurzelexsudaten, insbesondere organischen Säuren, die die Bildung von Metallchelaten wie auch den Umtausch adsorbierter Metallkationen fördern,
- durch Bildung und Abscheidung von Phytosiderophoren, die Metalle komplexieren,
- durch Abgabe von H^+- und HCO_3^--Ionen, die gegen die an Bodenkolloiden adsorbierten Schwermetallionen eingetauscht werden (STEUBING & SCHWANTES 1981, NULTSCH 1986, MARSCHNER 1990).

Über Interzeption, Massenfluss und Diffusion gelangen die Schwermetalle schließlich an die Wurzeloberfläche (MENGEL 1991).

Die eigentliche Aufnahme beginnt zunächst mit dem passiven, daher nicht selektiven Einstrom in den "Apparent Free Space" des Apoplasten des Wurzelrindenparenchyms. Während im "Water Free Space" dieses "Scheinbar Freien Raumes" geladene Teilchen ungehindert diffundieren, werden sie im "Donnan Free Space" an dissoziierten Carboxylgruppen der aus Zellulose, Pektinen und Hemizellulose aufgebauten Zellwände und an negativ geladenen Gruppen von Proteinen und Phosphatiden an der Außenseite des angrenzenden Plasmalemmas unspezifisch adsorbiert (NULTSCH 1986, GEISLER 1988). Erst über Ionenumtausch können die Kationen für einen Weitertransport im Wurzelgewebe mobilisiert werden. Der apoplasmatische Weg im Zellwandmaterial endet spätestens an der unüberwindlichen Barriere des Casparyschen Streifens in der Endodermis. Der Übergang in das Symplasma, dem cytoplasmatisch-plasmodesmal zusammenhängenden lebenden Zellmediums, ist somit zumindest in älteren Wurzeln unausweichlich. Begünstigt oder gar erst ermöglicht wird letztgenannter Vorgang durch eine Plasmalemma-gebundene Protonenpumpe, welche, als Initiator der Aufnahme fungierend, aktiv unter Energieverbrauch H^+-Ionen in den Apoplasten und OH-Ionen in das Cytoplasma pumpt. Dem sich aufbauenden, elektrochemischen Potentialgefälle folgen Moleküle und Ionen in selektivem Kationen- oder auch Protonen/Anionen-Transport mittels Trägersystemen oder durch Membrankanäle. So können aufgenommene Substanzen von Zelle zu Zelle bis in den Zentralzylinder vordringen.

In den Gefäßen, Tracheen und Tracheiden des Xylems werden die Schwermetalle explizit von den Wurzeln in die Sprossachse und in die Blätter transportiert, wogegen über die Sieb- und Geleitzellen des Phloems sowohl ein akropetaler als auch ein basipetaler Transport erfolgt (NULTSCH 1986, GEISLER 1988, MENGEL 1991).

3.2. PFLANZENSPEZIFISCHE EIGENHEITEN DER SCHWERMETALLAUFNAHME

Obwohl die elementaren Abläufe bei der Schwermetallaufnahme für alle Wild- und Kulturpflanzen identisch sind, lassen sich signifikante Unterschiede bezüglich ihrer Intensität nachweisen. Grund dafür ist zum einen das arten- und sortenabhängige Aneignungs- und Translokationsvermögen, das auf einen genetisch bedingt divergierenden Wurzelhabitus, einen individuellen Wurzelstoffwechsel sowie auf eine differente Wurzelsorptionskapazität zurückgeführt wird (KABATA-PENDIAS & PENDIAS 1985, BERROW & BURRIDGE 1991, HELAL et al. 1992). Weiterhin zu berücksichtigen sind die vorherrschenden pedogenen Faktoren die das Wurzelwachstum, die Wurzelmorphologie und damit verbunden die Aufnahmeleistung der Wurzel durch Schaffung eines spezifischen Bodenmilieus entscheidend prägen (MARSCHNER 1985).

Ausgehend von den Schwermetallgesamtgehalten in Boden und Pflanze können nach Tabelle 3.1 Faktoren errechnet werden, die, wenngleich umstritten, den unterschiedlichen Transfer der einzelnen Schwermetalle zumindest tendenziell verdeutlichen.

	Zink	Cadmium	Blei	Kupfer	Nickel
Transferkoeffizient Boden–Pflanze	1–10	1–10	0,01–0,1	0,1–1	0,1–1

Tabelle 3.1: Schwermetall-Transferkoeffizienten im System Boden–Pflanze, verändert nach KLOKE (1984)

Im System der höheren Pflanzen akkumulieren die Einkeimblättrigen bei verminderter Kationenaustauschkapazität ihrer Wurzeln in aller Regel geringere Schwermetallmengen als die zweikeimblättrigen Spezies (HOFER & SCHÜTZ 1980, KIEKENS & CAMERLYINCK 1983, MARSCHNER 1990).

Die Analyse der einzelnen Pflanzenorgane verdeutlicht im allgemeinen einen abnehmenden Schwermetallgehaltsgradienten in der Folge Wurzel > Blatt > Sprossachse (RIETZ & KÜCKE 1992, WILKE & METZ 1992). Hinsichtlich der Konzentrationsverminderung von den vegetativen zu den generativen und reproduktiven Organen spricht SAUERBECK (1989) von einer „Plazentasperre", die dem Eindringen von Schwermetallen in Körner und Samen entgegenwirkt. Als Ausnahme seien verschiedene Sorten des Öllein erwähnt, in deren Leinsamen gegenüber Sprossachse und Blatt deutlich höhere Cadmiumwerte ermittelt werden können (MARQUARD & BÖHM 1992). Ähnliches berichten auch BINGHAM et al. (1975) bezüglich einer Cadmiumanreicherung in Reiskörnern.

Bezugnehmend auf die Dauer von Wachstum und Entwicklung reflektieren schnellwüchsige Arten geringere Schwermetallgehalte als Arten mit längerer Vegetationszeit (SAUERBECK 1989). Innerhalb ein und derselben Generation reduzieren sich die Konzentrationen zahlreicher Schwermetalle mit zunehmendem Pflanzenalter (SAUERBECK 1989, BERGMANN 1993). Eine kontinuierliche Biomasseproduktion einerseits, sowie eine aus abnehmender Wurzelaktivität resultierende Minderung der Mineralstoffaufnahme andererseits werden hierfür verantwortlich gemacht (SAUERBECK 1989).

Die verschiedenartigen Verhaltensweisen von Pflanzen bei einem Überangebot an Schwermetallen, die zu ihrer Einstufung als Indikator, Akkumulator, Hyperakkumulator oder Exkluder führen, sollen im Kapitel 3.6. beschrieben werden (SCHULZ & HUTCHINSON 1991).

3.3. ESSENTIALITÄT UND TOXIZITÄT VON SCHWERMETALLEN IN DER PFLANZE

In die Pflanze aufgenommen, vermögen die Schwermetalle in vielfältiger Art und Weise in das Stoffwechselgeschehen einzugreifen.

Essentielle Elemente wie Zink, Mangan und Kupfer werden hierbei in definierten Konzentrationen nutritiv ausgenutzt. Sie gelten als Aktivatoren zahlreicher Enzyme im Kohlehydrat-, Eiweiß- und Fettstoffwechsel und spielen auch im Phytohormonhaushalt eine entscheidende, wenn auch noch nicht vollständig geklärte Rolle. Nur bei übermäßiger Anreicherung in den physiologisch aktiven Zentren wirken sie toxisch, ganz im Gegensatz zu den Schwermetallen Blei und Cadmium, die bereits in geringsten Konzentrationen den pflanzlichen Metabolismus beeinträchtigen (MENGEL 1991, BERGMANN 1993).

Wachstumshemmung, Chlorosen, Nekrosen und Absterbeerscheinungen sind schließlich sichtbarer Ausdruck einer Toxizität. Ebenso alarmierend ist die Sorge um eine Schwermetallakkumulation in Futter- und Nahrungsmitteln und die sich möglicherweise daraus ergebenden akuten und chronischen Krankheiten von Tier und Mensch (SAUERBECK 1983).

Die landwirtschaftliche oder gartenbauliche Nutzung belasteter Böden setzt demzufolge eine Dekontamination unabdingbar voraus.

Abbildung 3.1 verdeutlicht die Zusammenhänge nochmals graphisch anhand der Dosis-Wirkung-Beziehung.

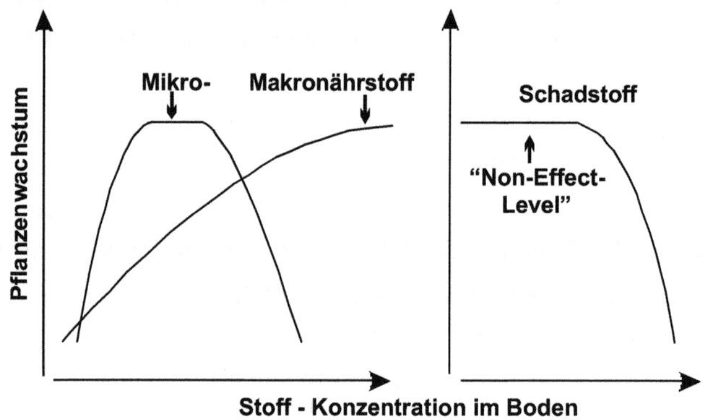

Abbildung 3.1: Dosis-Wirkung-Beziehung von Schwermetallen in der Umwelt, verändert nach WALLACE & BERRY (1981)

3.4. SCHWERMETALLBÖDEN UND SCHWERMETALLPFLANZEN

Vorherrschende Toxizität zeigt sich im besonderen im Gedeihen empfindlicher Pflanzen auf sogenannten Schwermetallböden. Solche kontaminierte Standorte werden definiert als „schwermetallreiche Substrate mit einem dominanten Element, einer klassischen Elementvergesellschaftung oder einer Vielzahl von Elementkombinationen in Konzentrationen, die die normalen oder durchschnittlichen Schwermetallgehalte in Böden um ein Vielfaches überschreiten" (ERNST 1982). Während die nur noch vereinzelt existierenden ungestörten Schwermetallböden über oberflächennahen oder ausstreichenden, nicht bearbeiteten Erzadern in ihren Makronährstoffgehalten den angrenzenden

Böden gleicher geologischer Formation ähneln, weisen die unter anderem auf Haldenmaterial des Bergbaus anzutreffenden gestörten Schwermetallstandorte neben der Beeinträchtigung zahlreicher pedogener Eigenschaften oftmals eine stark veränderte Nährstoffversorgung mit Überschuss an Sulfat und Mangel an verfügbarem Phosphor und Stickstoff auf (ERNST 1982).

Deshalb ist es nicht verwunderlich, dass auf diesen Böden bereits die Keimungsvorgänge angetragenen oder ausgebrachten Saatgutes vieler Wild- und Kulturpflanzen gestört oder gar verhindert werden, aufgegangene Sämlinge und Jungpflanzen absterben und heranwachsende Pflanzen starke Schädigungen zeigen.

Trotzdem sind hoch schwermetallbelastete Flächen nicht grundsätzlich vegetationsfrei; vielmehr konnten im Laufe der Evolution ökophysiologisch angepasste Pflanzenpopulationen die ursprünglich toxischen Substrate ohne sichtbare negative Beeinflussung ihres Wachstums und ihrer Entwicklung besiedeln (ERNST 1982, AERY & TIAGI 1986).

Die unter dem Sammelbegriff "Metallophyten" zusammengefassten Schwermetallpflanzen bilden Vegetationszonen, die je nach anthropogenem oder natürlichem Ursprung des Wuchsortes lediglich als Sukzessionsstadien oder aber als Dauergesellschaften differenter Zusammensetzung angesehen werden.

3.5. METALLOPHYTEN AUF SCHWERMETALLBÖDEN

Durch die Anlage von Dauerquadraten kann auf schwermetallreichem Haldenmaterial die Vermutung eines räumlich-zeitlichen Nacheinanders gegenüber einem räumlichen Nebeneinander vorhandener Pflanzenarten bestätigt werden. Wechselseitige Beziehungen zwischen Bewuchs und Standort bedingen eine, wenn auch langsame, doch stetige Veränderung der pedogenen Gegebenheiten, so dass nach Ansiedlung anspruchsloser Pionierpflanzen nach und nach weitere Pflanzenspezies hinzutreten.

Folgende Entwicklungsphasen werden von ERNST (1974) definiert:

1. Silene-Stadium
2. Minuartia-Stadium
3. Euphrasia-Stadium
4. Armeria- und Achillea- oder Cladonia-Stadium

Auf rein geogen belasteten Schwermetallböden kommt es infolge der ständigen Nachlieferung von Schwermetallen durch Gesteinsverwitterung zur

Ausbildung bleibender Vegetationszonen. Die Pflanzenbestände reflektieren in Abhängigkeit von der Elementakkumulation im Boden zwar eine zum Teil den Sukzessionsstadien ähnliche Zusammensetzung, jedoch scheint es keine zeitbestimmte Veränderung innerhalb der Zonierung zu geben. So treten in besonders kontaminierten Arealen ausschließlich *Silene vulgaris* Moench ssp. *humilis, Minuartia verna* L. und *Thlaspi alpestre* ssp. *sylvestre* auf, wohingegen sich in Regionen geringerer Schwermetallanreicherung eine dauerhafte Ansiedlung von *Campanula rotundifolia* L., *Rumez acetosa* L., *Plantago lanceolata* L., *Thymus serpyllum* L., *Agrostis tenuis* Sibth. und *Festuca ovina* L. manifestiert. Der Bedeckungsgrad liegt stets zwischen 80 und 100 %.

Die starr verharrenden Dauerstadien auf ungestörten Schwermetallböden wie auch die sich weiterentwickelnde Vegetation gestörter Schwermetallstandorte unterscheiden sich in ihrem Artenbestand eindeutig von Pflanzengesellschaften wenig oder nicht kontaminierter Böden. Bereits im Jahre 1925 wurden deshalb zahlreiche Schwermetallpflanzen-Gesellschaften definiert, beschrieben und in einem System der "Schwermetallvegetation der Erde" dargestellt. Doch soll an dieser Stelle nicht näher auf die Klassifizierung eingegangen werden; detaillierte Dokumentationen finden sich unter anderem bei ERNST (1969 und 1974).

3.6. BESONDERHEITEN EINER SCHWERMETALLPFLANZE

Nachdem die anfängliche, im Jahre 1588 erstmalig einsetzende Forschungsarbeit auf dem Gebiet der Metallophyten darauf ausgerichtet war, die Pflanzen schwermetallreicher Standorte in allen Klimazonen der Erde botanisch und ökologisch näher zu kennzeichnen (ERNST 1974), verlagerten sich die Untersuchungsziele der letzten Jahrzehnte zunehmend in den Bereich der Physiologie dieser Pflanzen. Bis heute ist die vollständige Klärung der Ursachen ihrer Schwermetallverträglichkeit nicht gelungen; Autoren wissenschaftlicher Literatur berichten über die verschiedensten Wege der Auseinandersetzung einer Schwermetallpflanze mit einem vorherrschenden Metallüberangebot im Boden.

So differenziert BAKER (1981) vor dem Hintergrund der Untersuchungsergebnisse von NICOLLS, TIMPERLEY, BARRY und CLARK grundsätzlich Akkumulator-, Indikator- und Exkluderformen. Während Akkumulatoren sowohl bei geringen als auch bei hohen Metallgehalten im Nährmedium Schwermetalle in starkem Maße in der oberirdischen Biomasse anreichern, vermögen Exkluderpflanzen die Elementkonzentrationen in der Grünmasse über einen weiten Bodengehaltsbereich hinweg konstant gering zu halten. Ist ab einem kritischen Bodenwert die Retention der Wurzel erschöpft, werden die Schwermetalle zwangsläufig in die Sprossachse und in die Blättern verlagert. Indikatorpflanzen nehmen gemäß Abbildung 3.2 eine Mittelstellung zwischen Akkumulatoren und Exkludern ein; der Schwermetallgehalt der oberirdischen Pflanzenmasse steigt proportional mit der Schwermetallkonzentration im Boden an.

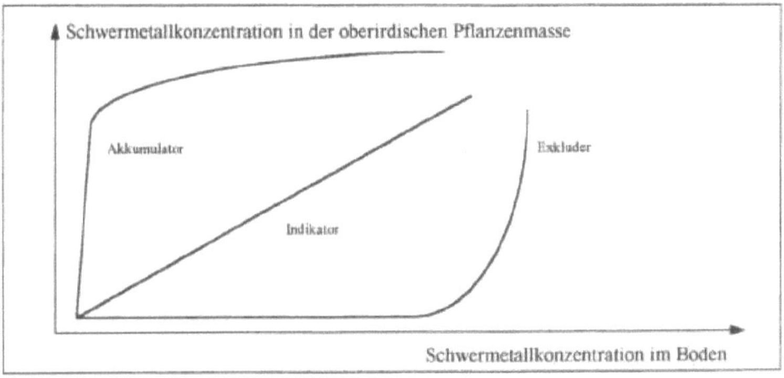

Abbildung 3.2: Schwermetallgehalte von Akkumulatoren, Indikatoren und Exkluder in Relation zum Schwermetallgehalt im Boden, verändert nach BAKER (1981) und MARSCHNER (1990)

Die Strategien der Anreicherung, die nach BAKER (1981) vornehmlich bei obligaten Metallophyten feststellbar sind, und auch die insbesondere bei Pseudo- oder fakultativen Metallophyten erkennbaren Strategien des begrenzten Ausschlusses begründen die Resistenz einer Schwermetallpflanze. Man kann in diesem Zusammenhang von "Toleranz" und "Vermeidung" sprechen, einem Verhalten, das den Metallophyten das Überleben unter den unwirtlichen Bedingungen eines kontaminierten Wuchsortes ermöglicht.

Das Phänomen der Toleranz bezeichnet hierbei die Fähigkeit einer Pflanze, mit den in den Zellinnenraum aufgenommenen Schwermetallen "fertig zu werden" und ohne schwere stoffwechselphysiologische Beeinträchtigung überdauern zu können Die Vermeidung dagegen gilt als Vermögen, die Aufnahme exzessiver Elementmengen durch die Biomembran in die schwermetallsensiblen Kompartimente der Zelle zu unterbinden (LEVITT 1980).

Das Ausmaß, in dem die eine oder andere Taktik den Schwermetallpflanzen zu eigen ist, ist stets unter Beachtung der Pflanzenarten und -sorten zu überprüfen. Den obigen Ausführungen zufolge zeigen gerade die akkumulierenden Metallophyten die Möglichkeit einer biotechnologischen Reinigung belasteter Böden durch Pflanzenentzug auf.

3.7. VEGETATION DER PROBENFLÄCHEN

Rabenstein (Halde 12)

Baumschicht	
Picea abies KARSTEN	Gewöhnliche Fichte (90 %)
Fagus sylvatica L.	Gewöhnliche Buche (10 %)
Krautschicht	
a) murseitig (Osten) und Haldenfläche	
Acer pseudoplatanus L.	Berg-Ahorn
Arrhenaterum elatior J. et C. PRESEL	Glatthafer
Cardaminopsis halleri HAYEK	Haller`sche Schaumkresse
Clematis vitalba L.	Gewöhnliche Weinrebe
Erigeron annuus PERS.	Feinstrahl-Berufkraut
Eupatorium cannabinum L.	Gewöhnlicher Wasserdost
Melampyrum pratense L.	Wiesen-Wachtelweizen
Phragmites australis STEUD.	Gewöhnliches Schilf
Picea abies KARSTEN	Gewöhnliche Fichte
Reseda lutea L.	Gelbe Resede
Silene vulgaris GARCKE	Gewöhnliches Leimkraut
Bryum caespiticium L. ap. HEDW.	Birnmoos
Bryum imbricatum	Birnmoos
b) schattseitig (Westen)	
Cardaminopsis halleri HAYEK	Haller`sche Schaumkresse
Carpinus betulus L.	Hainbuche
Corylus avellana L.	Gewöhnliche Hasel
Dryopteris filix-mas SCHOTT	Gewöhnlicher Wurmfarn
Hepatica nobilis SCHREBER	Leberblümchen
Luzula pilosa WILLD.	Haar-Hainbinse
Oxalis acetosella L.	Wald-Sauerklee
Picea abies KARSTEN	Gewöhnliche Fichte
Pulmonaria officinalis L.	Echtes Lungenkraut
Rubus sp. L.	Brombeere
Rumex acetosella L.	Kleiner Sauerampfer

Tabelle 3.2: Pflanzenliste der Halde 12 im Revier Rabenstein

Alle Probenpunkte sind auf forstwirtschaftlich genutzten Flächen genommen worden. So haben nur die Halden 4 und 8 – 11 des Revieres Arzwaldgraben und die Halden 9 – 11 des Revieres Rabenstein *keine* forstwirtschaftliche Nutzung.

Die Forstflächen (Halden) sind durchwegs als Fichten-Altbestand zu bezeichnen, die an lichteren Stellen eine geschlossene krautige Vegetationsbedeckung und Anflug von Fichten-Jungwuchs (Sämlinge) zeigen. Häufig vorkommende Pflanzen (Mai-Vegetation) werden in den Tabellen 3.2 und 3.3 aufgelistet.

Die Fichten (und Buchen auf Halde 12-Rabenstein) zeigen gesunden Wuchs und normale Entwicklung. So kann keine forstökologisch-standortskundliche Schwermetallbeeinflussung der Baumschichten der Halden beobachtet werden. Eine etwaige pflanzenphysiologische Schwermetallanreicherung müßte daher durch chemische Analysen nachgewiesen werden [siehe Kapitel 5.2.5].

Die Pflanzen der Krautschicht sind meist typische Vertreter für trockene bis mäßig frische (kalkige) Standorte. Hier kann aber keineswegs von typischen Schwermetall-Pflanzengesellschaften gesprochen werden. Es sind allerdings einige Pflanzen (Cardaminopsis, Silene) vertreten, die typische Schwermetall-akkumulatoren sind und auf schwermetallkontaminierten Flächen häufig vertreten sind (PUNZ 1989, PUNZ 1995b, PUNZ & ORASCHE 1995).

Arzwaldgraben (Halden 17 - 21)

Baumschicht	
Picea abies KARSTEN	Gewöhnliche Fichte
Krautschicht	
Asplenium trichomanes L.	Braunstieliger Streifenfarn
Asplenium viride HUDS.	Grünstieliger Streifenfarn
Cardamine impatiens L.	Spring-Schaumkraut
Cardaminopsis arenosa HAYEK	Sand-Schaumkresse
Cardaminopsis halleri HAYEK	Haller`sches Schaumkresse
Carex muricata agg. L.	Sparrige Segge
Dryopteris filix-mas SCHOTT	Gewöhnlicher Wurmfarn
Fraxinus excelsior L.	Gewöhnliche Esche
Galium rotundifolium L.	Rundblatt-Labkraut
Galium sylvaticum L.	Wald-Labkraut
Gentiana orbicularis SCHUR	Rundblättriger Enzian
Luzula luzuloides DANDY et WIKMOTT	Schmalbättrige Hainbinse
Maianthemum bifolium F.W..SCHMIDT	Zweiblättrige Schattenblume
Moehringia trinerva CLAIRV.	Dreinervige Nabelmiere
Myosotis palustris HILL	Sumpf-Vergißmeinnicht
Oxalis acetosella L.	Wald-Sauerklee
Picea abies KARSTEN	Gewöhnliche Fichte
Silene nutans L.	Nickendes Leimkraut
Stachys sylvatica L.	Wald-Ziest
Tussilago farfara L.	Huflattich
Veronica scutellata L.	Schild-Ehrenpreis
Bryum caespiticium L. ap. HEDW.	Birnmoos
Bryum imbricatum	Birnmoos

Tabelle 3.3: Pflanzenliste im Haldenbereich 17-21 im Revier Arzwaldgraben

4. PROBENNAHME - AUFBEREITUNG

Beprobt wurden ausschließlich Halden mit forstwirtschaftlicher Nutzung, um möglichst ähnliche Vegetationsgesellschaften bearbeiten zu können und bessere Vergleichsmöglichkeiten zu erhalten. Die Auswahl der Bodenprobenpunkte erfolgte zufällig. Insgesamt wurden 20 Bodenproben gezogen, die sich in 12 Profile einteilen. (11 Profile auf Halden, 1 Profil auf unvererztem Gestein). Zusätzlich wurden Pflanzenproben auf den Profilen zu den Bodenproben gezogen [siehe Tabelle 4.3] gezogen.

An dieser Stelle sei auch nochmals auf die Beprobung der beiden Bergbaureviere im Rahmen des Projektes ÜLG 36/93 (GBA 1994) und der Steirischen Bodenzustandsinventur (Landwirtschaftliches Versuchszentrum Steiermark, 2000) hingewiesen.

4.1. PFLANZENMATERIAL

Probe	zu Profil gehörig	Bemerkung
A-Pfl-1	8	Fi-Nadeln (von Sämlingen)
A-Pfl-2	8	Farn (Blätter)
A-Pfl-3	0	Fi-Nadeln (von Sämlingen)
A-Pfl-4	0	Farn (Blätter)
A-Pfl-5	8	Fi-Nadeln (von Sämlingen)
A-Pfl-6	7	Fi-Nadeln (von Sämlingen)
A-Pfl-7	9	Galium sylvaticum (Blätter)
A-Pfl-8	10	Fi-Nadeln (von Sämlingen)
R-Pfl-1	2	Fi-Nadeln (von Sämlingen)
R-Pfl-2	2	Cardaminopsis halleri (Blätter)
R-Pfl-3	3	Cardaminopsis halleri (Blätter)
R-Pfl-4	4	Fi-Nadeln (von Sämlingen)
R-Pfl-5	4	Melapyrum pratense (Blätter)
R-Pfl-6	5	Galium sylvaticum (Blätter)
R-Pfl-7	5	Impatiens parviflora (gesamte Pflanze)
R-Pfl-8	6	Fi-Nadeln (von Sämlingen)

Tabelle 4.1: Pflanzenproben (A = Arzwaldgraben, R = Rabenstein)

Einerseits wurden verschiedene krautige Pflanzen gesammelt, andererseits wurden die Nadeln von Fichtenjungwuchs (mehrjährig) als Probenmaterial herangezogen. Die Pflanzen wurden im Labor von etwaigen Wurzeln und Verschmutzungen befreit. Nach gründlicher, aber vorsichtiger Reinigung wurden die Pflanzen an der Luft getrocknet und danach nochmals einer genauen optischen Kontrolle der einzelnen, zu analysierende Pflanzenteile unterzogen. Das so erhaltene Material wird in Papiersäckchen aufbewahrt. Ein repräsentativer Teil des Probenmateriales wurde in einer Achatkugelmühle zu Pulver vermahlen und in Hart-Polyethylenfläschen aufbewahrt.

4.2. BODEN

Probe	Halde	Boden horizont	Profil-Nummer	Mächtigkeit	Bemerkung
A-Bod-1	21	A_h	7	~2 cm	
A-Bod-2	21	B	7	-	
A-Bod-3	14	A_h	8	~3 cm	
A-Bod-4	14	B	8	-	
A-Bod-5	20	B	9	-	
A-Bod-6	5	A_h	10	~5 cm	
A-Bod-7	5	B	10	-	
A-Bod-8	18	Haldenmaterial	11	-	kein Boden
A-Bod-9	-	A_h	0	~2 cm	Referenzprofil
A-Bod-10	-	B	0	25 cm	Referenzprofil
R-Bod-1	12	Haldenmaterial	1	-	Osthang
R-Bod-2	12	A_h	2	~3 cm	Osthang
R-Bod-3	12	B	2	-	Osthang
R-Bod-4	12	$O_h + A_h$	3	~2-3 cm	Westhang
R-Bod-5	12	B	3	-	Westhang
R-Bod-6	12	B	4	-	Haldentop
R-Bod-7	8	$O_h + A_h$	5	~5 cm	Hang
R-Bod-8	8	B	5	-	Hang
R-Bod-9	8	$O_h + A_h$	6	~2-3 cm	Haldentop
R-Bod-10	8	B	6	-	Haldentop

Tabelle 4.2: Bodenproben (A = Arzwaldgraben, R = Rabenstein)

Die Bodenproben wurden mit einem Spaten entnommen. Nach der Trocknung der Proben bei Zimmertemperatur wurden diese zerkleinert und durch ein 2 mm-Sieb gesiebt. Der lufttrockene (lutro) Feinboden wurde nun in Papiersäckchen aufbewahrt. Ein repräsentativer Anteil wurde in einer Achatmühle feinvermahlen und in das entstehende Pulver in Hart-Polyethylenfläschen aufbewahrt.

<table>
<tr><th>Profil</th><th colspan="2">Bodenprobe</th><th>Pflanzenprobe</th><th>Halde</th></tr>
<tr><td rowspan="2">0</td><td>A-9</td><td>A_h</td><td rowspan="2">A-3$_{[Fi]}$, A-4</td><td rowspan="2">unvererzt</td></tr>
<tr><td>A-10</td><td>B</td></tr>
<tr><td>1</td><td>R-1</td><td>Halde</td><td>keine Proben</td><td rowspan="7">12</td></tr>
<tr><td rowspan="2">2</td><td>R-2</td><td>A_h</td><td rowspan="2">R-1$_{[Fi]}$, R-2</td></tr>
<tr><td>R-3</td><td>B</td></tr>
<tr><td rowspan="2">3</td><td>R-4</td><td>O_h+A_h</td><td rowspan="2">R-3</td></tr>
<tr><td>R-5</td><td>B</td></tr>
<tr><td>4</td><td>R-6</td><td>B</td><td>R-4$_{[Fi]}$, R-5</td></tr>
<tr><td rowspan="2">5</td><td>R-7</td><td>O_h+A_h</td><td rowspan="2">R-6, R-7</td><td rowspan="4">8</td></tr>
<tr><td>R-8</td><td>B</td></tr>
<tr><td rowspan="2">6</td><td>R-9</td><td>O_h+A_h</td><td rowspan="2">R-8$_{[Fi]}$</td></tr>
<tr><td>R-10</td><td>B</td></tr>
<tr><td rowspan="2">7</td><td>A-1</td><td>A_h</td><td rowspan="2">A-6$_{[Fi]}$</td><td rowspan="2">21</td></tr>
<tr><td>A-2</td><td>B</td></tr>
<tr><td rowspan="2">8</td><td>A-3</td><td>A_h</td><td rowspan="2">A-1$_{[Fi]}$, A-2, A-5$_{[Fi]}$</td><td rowspan="2">14</td></tr>
<tr><td>A-4</td><td>B</td></tr>
<tr><td>9</td><td>A-5</td><td>B</td><td>A-7</td><td>20</td></tr>
<tr><td rowspan="2">10</td><td>A-6</td><td>A_h</td><td rowspan="2">A-8$_{[Fi]}$</td><td rowspan="2">5</td></tr>
<tr><td>A-7</td><td>B</td></tr>
<tr><td>11</td><td>A-8</td><td>Halde</td><td>keine Proben</td><td>18</td></tr>
</table>

Tabelle 4.3: Beziehungen der Boden- und Pflanzenproben (Fi = Fichtennadeln)

4.3. WASSER

Es wurden 5 Wasserproben des Haneggerbaches und des Arzwaldbaches genommen [siehe Karte 4.1]. Die Wasserführung der Bäche war während der Beprobung der hochsommerlichen Witterung entsprechend sehr gering. Es konnten an jedem Probenpunkt etwa 500 ml Wasser entnommen werden. Zur Stabilisierung der Proben wurden jeweils einige ml konzentrierte HNO_3-suprapur zugesetzt. Mittels Atomabsorptionspektroskopie wurden die Gehalte an Blei, Zink und Cadmium bestimmt.

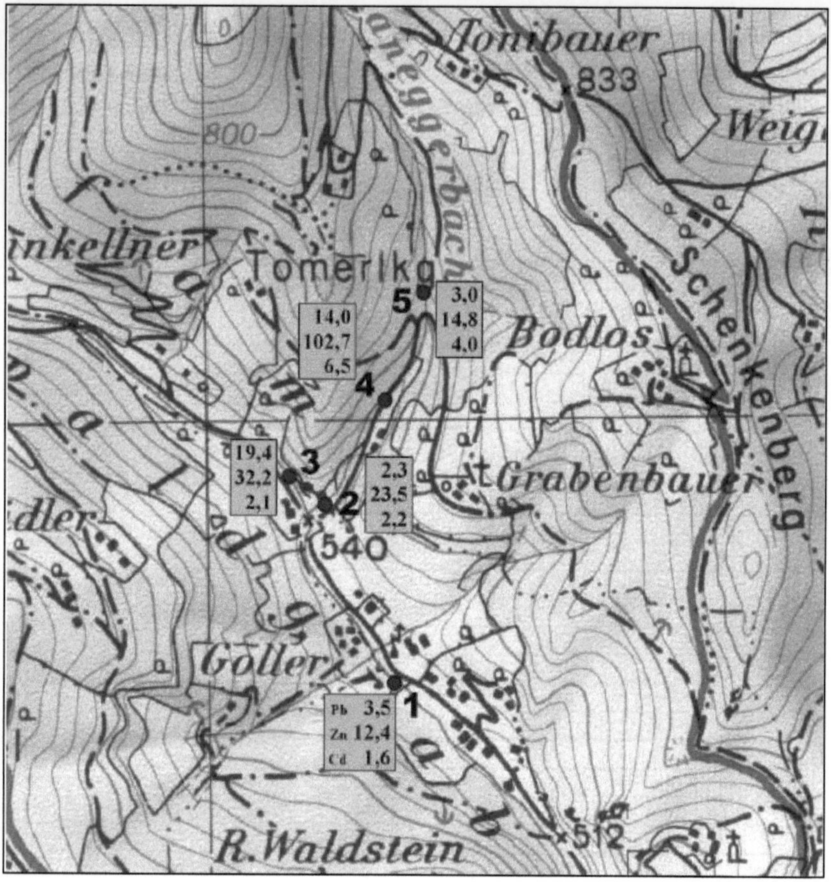

Karte 4.1: Wasserentnahmestellen mit Pb-, Zn- und Cd-Werten in **ppb**

Probe	Bemerkung
A-Was-1	Arzwaldgrabenbach (~200 m nach Einmündung des Haneggerbaches)
A-Was-2	Haneggerbach (~15 m vor Einmündung in den Arzwaldgrabenbach)
A-Was-3	Arzwaldgrabenbach (~15 m vor Einmündung des Haneggerbaches)
A-Was-4	Haneggerbach (~100 m bachaufwärts)
A-Was-5	Haneggerbach (~200 m bachaufwärts; vererzungsfrei)

Tabelle 4.4: Wasserproben

5. ANALYSEN

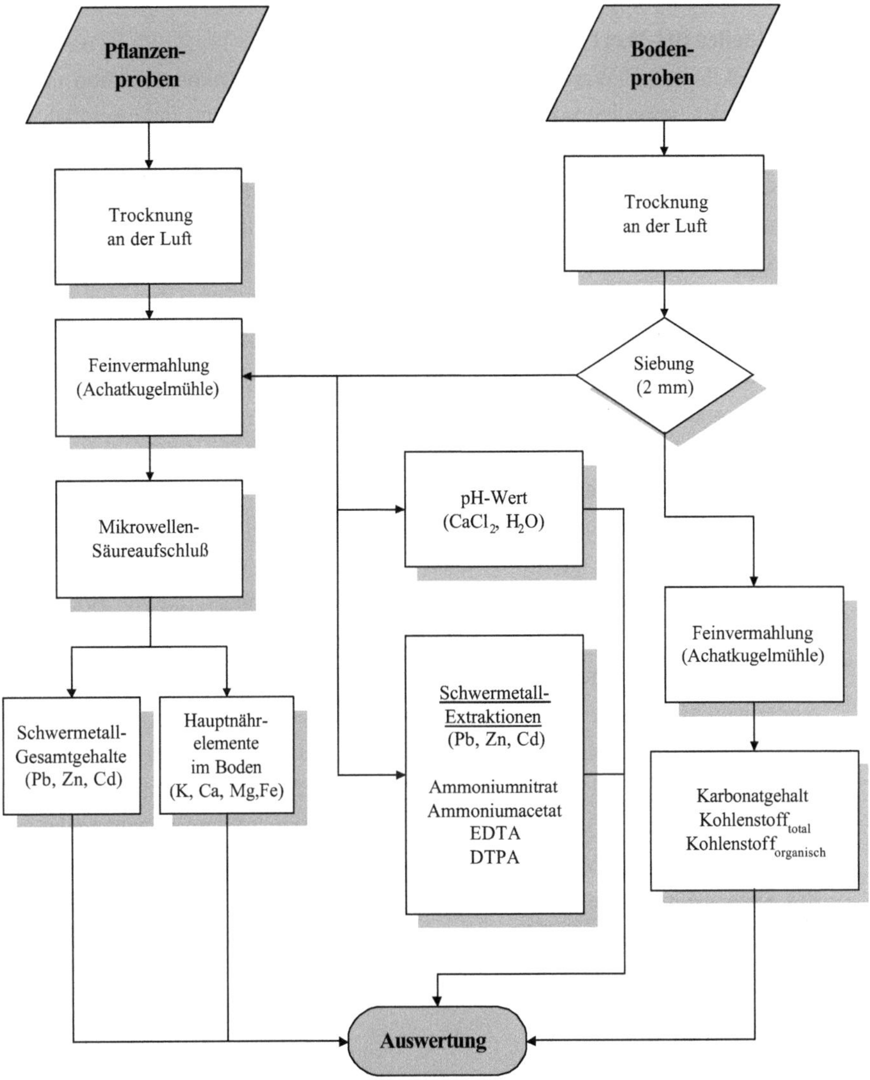

Abbildung 5.1: Analysenablauf der Boden- und Pflanzenproben

5.1. Methodik/Instrumentarium

5.1.1. pH-Wert

a) aktueller pH-Wert

Der aktuelle pH-Wert zeigt die gegenwärtige H^+-Ionenkonzentration in der Lösung der jeweiligen Bodenprobe. Dieser Wert kommt der Acidität der Bodenlösung nahe. Er ist stets höher als der potentielle pH-Wert [siehe unten].

Es werden 10 g (bei Auflage 2,5 g) in ein 100 ml Becherglas eingewogen. Sodann werden 25 ml $H_2O_{dest.}$ zugesetzt, mittels eines Glasstabes umgerührt und die Suspension mindestens 2 Stunden stehengelassen (besser über Nacht). Vor der Messung mit einem (geeichten) pH-Meter muss die Suspension nochmals umgerührt werden. [Achtung: Bei pH-Werten > 6 stellt sich das Elektroden-Gleichgewicht bei der Messung deutlich langsamer ein als bei hohen H^+-Konzentrationen.]

b) potentieller pH-Wert

Die geringmolare Calciumchlorid-Lösung löst alle adhäsiv, an Bodenpartikel gebundenen H^+-Ionen und bringt diese in Lösung. So zeigt der potentielle pH-Wert deutlicher als der aktuelle pH-Wert den Versauerungsgrad von Böden. Er ist zudem weniger variabel als der von Witterung und Vegetationsentwicklung stärker kurzfristig beeinflußbare Wasser–pH-Wert und daher mit einer einmaligen Messung sicherer faßbar.

Es werden 10 g (bei Auflage 2,5 g) in ein 100 ml Becherglas eingewogen. Sodann werden 25 ml 0,01 M $CaCl_2$-Lösung (1,47 g/l) zugesetzt, mittels eines Glasstabes umgerührt und die Suspension mindestens 2 Stunden stehengelassen (besser über Nacht). Vor der Messung mit einem (geeichten) pH-Meter muss die Suspension nochmals umgerührt werden. [Achtung: Bei pH-Werten > 6 stellt sich das Elektroden-Gleichgewicht bei der Messung deutlich langsamer ein als bei höheren H^+-Konzentrationen.]

5.1.2. Karbonatgehalt

Der anorganische Kohlenstoffgehalt (in %) wurde zunächst durch die Substraktion des organischen Kohlenstoffgehaltes (in %) vom Gesamtkohlenstoffgehalt berechnet ($C_{Karbonat} = C_{total} - C_{organisch}$). Der so erhaltene Wert muß nun mit dem Faktor 8,333 multipliziert werden (C ? $CaCO_3$). Man erhält den

Karbonatgehalt der Probe in Prozent. Proben, die einen pH < 5 besitzen, können durch ihre H^+-Ionenkonzentration kein freies Karbonat beinhalten und wurden daher nicht analysiert.

5.1.3. Kohlenstoffgehalt

Der Kohlenstoffgehalt erfolgte mittels eines Multiphasen-Carbondeterminator (LECO RC-412). In einem Quarzrohr (Heizrohrofen) wurde die Probe im Sauerstoffstrom verbrannt und das entstehende CO_2 (bzw. H_2O) in einer Infrarotmeßzelle bestimmt. Die Verbrennungstemperatur zur Bestimmung des Gesamtkohlenstoffgehaltes der Probe beträgt 1000°C. Bei der Verbrennung bei 600°C wird nur der organische Kohlenstoff oxidiert und gemessen. Das Gerät berechnet durch Eingabe des Einwaagegewichtes automatisch die Werte in % Kohlenstoff.

5.1.4. Säureaufschluss (Mikrowellenaufschluss)

Der Säure-Gesamtaufschluss wurde in einem Mikrowellengerät (mls 1200 mega) durchgeführt. Die feinvermahlenen Proben wurden in Teflonbomben eingewogen (ca. 50 mg) danach die Säure zugesetzt.

- Pflanzenproben: 1 ml $HNO_{3\text{-konz}}$ + 4 ml H_2O
- Bodenproben: 1 ml HF_{konz} + 3 ml $HNO_{3\text{-konz}}$ + 0,5 ml H_2O

Der Mikrowellen-Aufschluss untergliedert sich in mehrere Schritte (program 3):

Schritt	Dauer	Leistung
1	2:00	250 W
2	1:00	0 W
3	5:00	400 W
4	10:00	600 W
5	4:00	500 W

Die Bestimmung der Hauptnährelemente Kalium, Calcium, Magnesium und Eisen wurde nur in den Aufschlüssen der Bodenproben durchgeführt. Die Messung erfolgte mittels eines Flammen-Atomabsorptionsspektrometer (Perkin Elmer).

Die Bestimmung der Schwermetalle (Pb, Zn, Cd) wurde in den Aufschlüssen der Bodenproben und der Pflanzenproben durchgeführt. Die Messung von Blei und Cadmium erfolgte mittels eines Graphitrohr-Atomabsorptionsspektrometer

(Perkin Elmer 4110 ZL). Die Bestimmung des Zink-Gehaltes wurde in einem Flammen-Atomabsorptionsspektrometer (Perkin Elmer) vorgenommen.

5.1.5 Extraktionen

a) Ammoniumnitrat [NH_4NO_3]

- Extraktionslösung: 1 M Ammoniumnitrat-Lösung (80,04 g/mol)
- Einwaage + Lösungszusatz: 20 g Probe mit 50 ml Extraktionslösung in 250 ml Polyethylen-Weithalsflaschen
- Schütteldauer: 2 Stunden bei 300 Umdrehungen/min auf Schütteltisch
- Filtration durch 513¼ Schleicher&Schuell - Blaubandfilter (Der erste Anteil ist zu verwerfen.)
- Das Filtrat wird in 50 ml Messkolben aufgefangen und danach wird bis zur Marke aufgefüllt. Nach Überführung der Lösung in 100 ml Polyethylenfläschchen werden diese bis zur Messung in einem Kühlschrank aufbewahrt.

b) Ammoniumacetat [CH_3COONH_4]

- Extraktionslösung: 1 M Ammoniumacetat-Lösung (77,08 g/mol)
- Einwaage + Lösungszusatz: 20 g Probe mit 50 ml Extraktionslösung in 250 ml Polyethylen-Weithalsflaschen
- Schütteldauer: 90 Minuten bei 300 Umdrehungen/min auf Schütteltisch
- weitere Vorgangsweise wie beim Ammoniumnitrat-Auszug

c) Ethylendiamintetraessigsäure [EDTA]

- Extraktionslösung: 0,05 M EDTA-Lösung (EDTA = 404,47 g/mol)
  [Verwendung einer 0,1 mol/l Titriplex III-Lösung auf 2000 ml]
- Einwaage + Lösungszusatz: 10 g Probe mit 100 ml Extraktionslösung in
  250 ml Polyethylen-Weithalsflaschen
- Schütteldauer: 2 Stunden bei 300 Umdrehungen/min auf Schütteltisch
- Filtration durch 513¼ Schleicher&Schuell - Blaubandfilter (Der erste Anteil ist zu verwerfen.)
- Das Filtrat wird in 100 ml Messkolben aufgefangen und danach wird bis zur Marke aufgefüllt. Nach Überführung der Lösung in 100 ml Polyethylenfläschchen werden diese bis zur Messung in einem Kühlschrank aufbewahrt.

d) Triethylenamid/Diethylentripentaessigsäure [TEA/DTPA]

- Extraktionslösung:
  - 14,92 g Triethanolamin (TEA)
  - 1,967 g Diethylentriaminpentaessigsäure (DTPA)
  - 1,470 g Calciumchloriddihydrat – $CaCl_2 \cdot 2\ H_2O$
  - mit 6 M HCl auf pH = 7,3 ± 0,5 einstellen
- Einwaage + Lösungszusatz: 10 g Probe mit 50 ml Extraktionslösung in 250 ml Polyethylen-Weithalsflaschen
- Schütteldauer: 2 Stunden bei 300 Umdrehungen/min auf Schütteltisch
- Filtration durch 513¼ Schleicher&Schuell - Blaubandfilter (Der erste Anteil ist zu verwerfen.)
- Das Filtrat wird in 50 ml Messkolben aufgefangen und danach wird bis zur Marke aufgefüllt. Nach Überführung der Lösung in 100 ml Polyethylenfläschchen werden diese bis zur Messung in einem Kühlschrank aufbewahrt.

Die Bestimmung der eluierten Schwermetallgehalte (Pb, Zn, Cd) erfolgte für Blei und Cadmium mittels eines Graphitrohr-Atomabsorptionsspektrometer, für Zink mittels eines Flammen-Atomabsorptionsspektrometer.

5.1.5. Atomabsorptionsspektroskopie (AAS)

a) Grundlagen

Die Atomabsorptions-Spektrometrie (AAS) ist eines der gebräuchlichsten instrumentellen Analysenverfahren für den quantitativen Nachweis von Metallen und Halbmetallen im Prozentbereich bis hin zum Ultraspurenbereich.

Das Prinzip der Atomabsorption wurde schon von Kirchhoff und Bunsen Mitte des 19. Jahrhunderts erkannt und beschrieben. Bei ihren Versuchen fanden sie heraus, dass Atome, die sie aus Alkali- und Erdalkalisalzen in der Flamme eines Bunsenbrenners erzeugten, in der Lage sind, Licht zu absorbieren. Diese Befunde bestätigte später Planck in seinem Gesetz der gequantelten Emission und Absorption der Energie, das besagt, dass jedes Atom nur in bestimmten Energiezuständen existenzfähig ist.

Plancksche Gleichung: $E = E_2 - E_1 = h \cdot \gamma = h \cdot c / \lambda$

E = Energiedifferenz / E_1, E_2 = Energiezustände / H = Plancksches Wirkungsquantum / c = Lichtgeschwindigkeit / γ = Frequenz / λ = Wellenlänge / c = Konzentration

Übergänge zwischen den einzelnen Energiezuständen E_1 und E_2 sind jeweils mit der Aufnahme bzw. Abgabe einer genau definierten Energiemenge E verbunden.

Aus der Erkenntnis Plancks, dass sich die Energie der Lichtquanten E proportional zu deren Frequenz γ, bzw. umgekehrt proportional zu ihrer Wellenlänge λ verhalten, muss gefolgert werden, dass Atome nur Licht ganz spezifischer Wellenlänge absorbieren bzw. emittieren können. Hierauf beruht die Spezifität der Elementbestimmung mit Hilfe der AAS.

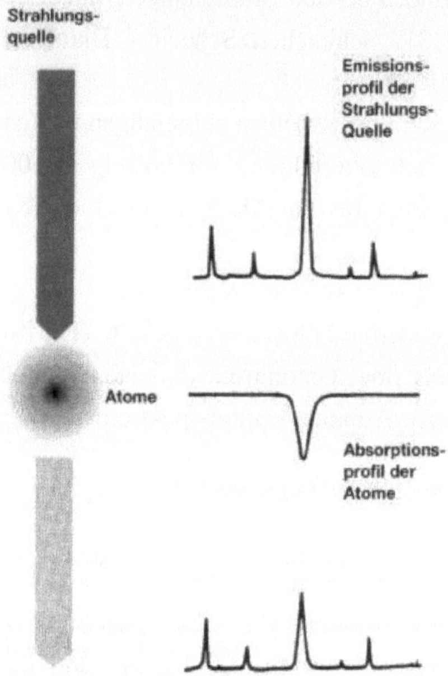

Abbildung 5.2: Elementspezifische Absorptionsmessung

Bei allen atomabsorptionsspektrometrischen Verfahren werden von einer für die Messung geeigneten Strahlungsquelle Spektrallinien des zu bestimmenden Elementes emittiert, deren Halbwertsbreiten kleiner sind, als die der zugehörigen Absorptionslinien. Die elementspezifische Wechselwirkung der Anregungsstrahlung mit den zu bestimmenden Atomen äußert sich in der konzentrationsabhängigen Schwächung der emittierten Spektrallinie mit definierter Wellenlänge γ, wie Abbildung 5.2 zeigt.

Durch die Messung der absorbierten Lichtmenge kann auf die Zahl der absorbierenden Atome zurückgeschlossen werden. Damit läßt sich die Atomabsorption als quantitatives Analysenverfahren für die Bestimmung von Metallen und Halbmetallen einsetzen. Der Zusammenhang zwischen der Messgröße Extinktion A, der Probenkonzentration c, der Schichtdicke d und dem dekadischen Extinktionskoeffizienten ist durch das Bouguer-Lambert-Beersche Gesetz gegeben.

$$A = \varepsilon \cdot c \cdot d$$

Da der Extinktionskoeffizient ε eine (streng wellenlängenabhängige) Stoffkonstante ist, die Schichtdicke in der AAS ebenfalls nicht als Variable auftritt, kann das Bouguer-Lambert-Beer`sche Gesetz in verkürzter Form wie folgt benutzt werden

$$A = c \cdot k$$

A = Extinktion, c = Konzentration, k = Kalibrierfaktor

Der in der Praxis benutzte Spektralbereich reicht von der Arsen-Resonanzlinie λ = 193,7 nm bis zur Cäsium-Resonanzlinie λ = 852,1 nm. Er liegt also im UV-Bereich und dem sichtbaren Anteil des elektromagnetischen Spektrums.

b) Funktionsprinzip

Die Strahlungsquelle des AAS-Gerätes, Hohlkathodenlampe oder elektrodenlose Gasentladungslampe (EDL), sendet ein Linienspektrum aus, wie in Abbildung 5.3 dargestellt. Eine dieser Linien des Spektrums verwendet man als primäre Resonanzwellenlänge.

In den verschiedenen Atomisierungseinrichtungen (Flamme, Graphitrohrofen, Hydrid-Kaltdampf-Technik) sind die Atome des zu bestimmenden Elementes im Grundzustand enthalten. Dies geschieht durch Flammen- oder flammenlose Verfahren. Hierbei werden die Atome aus dem Molekülverband befreit und in Atomdampf überführt. Die von der Strahlungsquelle emittierten Spektrallinien durchstrahlen die Atomwolke in der Atomisierungseinrichtung.

Je nach Konzentration des Elementes wird die Intensität der Spektrallinien geschwächt. Die Strahlung der Strahlungsquelle wird im Monochromator spektral zerlegt und nur die Resonanzlinie durch den Austrittsspalt ausgesondert. Der Photodetektor wandelt das optische Signal in ein entsprechendes elektronisches Signal um. Dieses wird nach elektronischer Bearbeitung einer Anzeige zugeführt. Für die Auswertung werden Datenverarbeitungssysteme verwendet.

Die Einsatzmöglichkeiten der AAS bezüglich der Analysenprobe, des zu bestimmenden Elementes und des Konzentrationsbereiches sind sehr stark von der Art der Atomisierung abhängig. Deshalb ist es erforderlich, die Varianten Flamme und Graphitrohrofen gesondert zu behandeln.

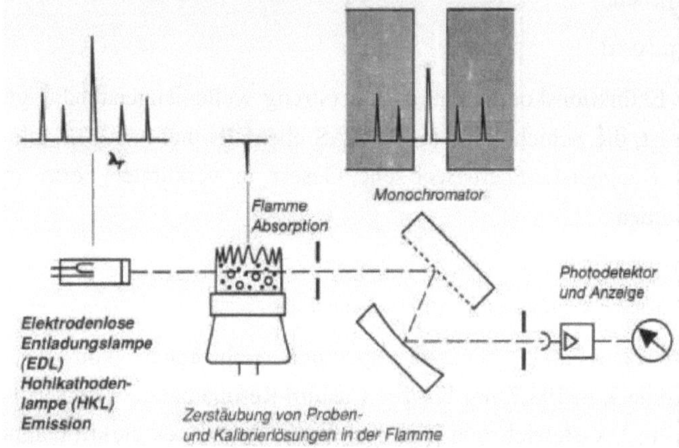

Abbildung 5.3: AAS-2. Funktionsschema der Flammen-AAS

b) Flamme

Die bekannteste und mit Abstand am längsten routinemäßig verwendete Atomisierungseinrichtung der AAS ist die Luft-Acetylen-Flamme (Temperaturbereich 2125 – 2400°C). Sie bietet für zahlreiche Elemente eine günstige Umgebung und eine für die Atomisierung ausreichende Temperatur.

Für Elemente, die schwer schmelzbare Oxide bilden, bietet die Lachgas-Acetylen-Flamme (Temperaturbereich 2650 – 2800°C) günstigere chemische, thermische und optische Voraussetzungen.

In der Flammen-AAS haben die Position des Brennerkopfes relativ zum Strahlengang und die Zusammensetzung des Brenngasgemisches einen erheblichen Einfluss auf die Richtigkeit, die Empfindlichkeit und den Arbeitsbereich des Verfahrens. Die sorgfältige Optimierung dieser Parameter kann zu einer deutlichen Verminderung von Gasphaseninterferenzen führen und den Messbereich der Flammen-AAS um mindestens eine Größenordnung erweitern.

c) Graphitrohrofen

Die Hauptvorteile der Graphitrohrofen-Technik sind die im Vergleich zur Flammentechnik um zwei bis drei Zehnerpotenzen verbesserten Nachweisgrenzen. Außerdem besteht die Möglichkeit außer flüssigen Proben (ml-Bereich) auch feste Mikroproben zu analysieren.

Wie aus der Abbildung 5.4 zu ersehen ist, besteht die Graphitrohreinheit aus einem hohlen Graphitzylinder, welcher vom Lichtbündel der Hohlkathode durchstrahlt wird.

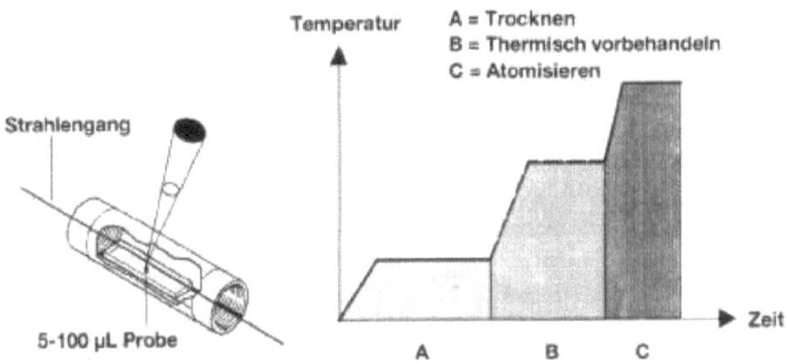

Abbildung 5.4: Funktionsschema der Graphitrohrofen-AAS

5 bis 100 µl Analysen- bzw. Kalibrierlösung werden mit einer Mikropipette bzw. mit einem automatischen Probengeber durch ein kleines Loch in das Graphitrohr gebracht. Das Graphitrohr kann aufgrund seines Widerstandes elektrisch bis auf Temperaturen von 3000°C aufgeheizt werden, wobei es von einem regulierbaren Argongasstrom umgeben und durchspült wird. Dieser hält den Sauerstoff vom Graphitrohr fern und verhindert somit ein Verbrennen des Rohres. Das Aufheizen des Graphitrohres erfolgt nach einem optimierten Zeit-Temperatur-Programm mit mindestens drei Temperaturstufen (Abbildung 5.4). Für jede Stufe kann die Anstiegs- und Haltezeit der Temperatur unterschiedlich eingestellt werden. Durch stufenweise Temperaturerhöhung wird die Probe zunächst getrocknet, dann werden die Begleitsubstanzen (Matrix) weitgehend entfernt (Pyrolyseschritt) und schließlich das interessierende Element atomisiert.

Im Vergleich zur Flammen-AAS wird die Graphitrohrofen-AAS durch zahlreiche Interferenzen beeinflusst. Diese Störungen können prinzipiell in drei Gruppen zusammengefasst werden:

- chemische Störungen
- physikalische Störungen
- spektrale Störungen

Chemische Störungen können während der Trocknung oder Pyrolyse in der kondensierten Phase oder durch Reaktionen an der Graphitoberfläche oder in der Gasphase des Graphitrohres während der Atomisierung auftreten.

Zu physikalischen Störungen kommt es durch den Einschluss des zu bestimmenden Elementes in der Matrix (Verhinderung der Atomisierung bzw. unvollständige Atomisierung) oder durch Mitverflüchtigung des Elementes mit einer leichtflüchtigen Matrix.

Chemische und physikalische Störungen lassen sich durch den Einsatz des Graphitrohrofens im thermischen Gleichgewicht weitgehend eliminieren oder stark reduzieren. Spektrale Störungen werden durch unspezifische Lichtverluste hervorgerufen und lassen sich durch Untergrundkorrektur entweder mit einem Kontinuumstrahler oder unter Ausnutzung des Zeeman-Effekts korrigieren.

5.2. Daten

Eine Datenübersicht über alle analysierte Parameter erhält man im Anhang. Wegen des geringen Probenumfanges wurde auf eine statistische Analyse der Daten verzichtet.

5.2.1. pH-Wert/Karbonatgehalt

Die Messung des potentiellen pH-Wertes ergab H^+-Konzentrationen zwischen 3,9 und 6,8 im Oberboden und 4,3 und 7,3 im Unterboden (Haldenmaterial). Die aktuellen pH-Werte liegen zwischen 4,3 und 6,7 im A_h-Horizont und 4,9 und 7,5 im B-Horizont. [siehe Abbildung 5.5]

Aus Abbildung 5.5 erkennt man, dass die pH-Werte des Revieres Rabenstein (Profile 2 – 6) um ca. 1,5 Einheiten höher liegen (Ausnahme Profil 6) als die Profile des Arzwaldsgrabens (Profile 7 – 11). Die geringeren H^+-Konzentrationen in den Rabensteiner-Profilen sind auf die höheren Karbonatgehalte (Pufferung) des Haldenmateriales zurückzuführen [siehe Abbildung 5.7].

Im Vergleich zu Ackerböden sind die Waldböden meist wesentlich saurer (besonders im Oberboden) wenn säurebildender Bestandesabfall (Koniferennadeln) überwiegt. Dies deshalb, weil hier keine laufende Durchmischung und Aufdüngung wie im Ackerboden stattfindet [KILIAN et al. 1992].

Eine differenzierter Einfluß des pH-Wertes auf die Mobilität (Pflanzenverfügbarkeit) der Schwermetalle konnte (auch wegen des zu geringen Probenumfanges) nicht erkannt werden [siehe Kapitel 5.2.4.].

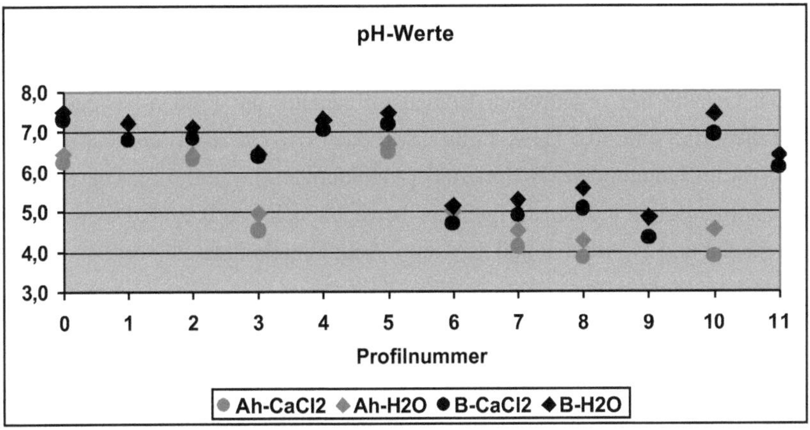

Abbildung 5.5: pH-Werte der Bodenproben

5.2.2. Kohlenstoffgehalt

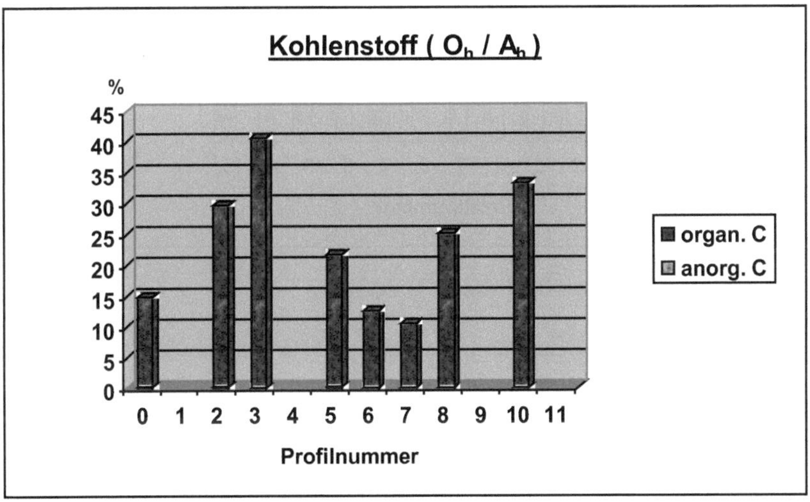

Abbildung 5.6: Kohlenstoffgehalte im Oberboden (bzw. + Auflage)

Die organische Substanz ist Lebensgrundlage der heterotrophen Bodenorganismen, deren Leistungen, wie Mineralisierung und Gefügestablisierung, wesentlich von Menge und Zusammensetzung der organischen Substanz abhängen. Damit prägt sie direkt oder indirekt wesentliche Bodeneigenschaften. Die Menge der organischen Substanz wird über den organischen Kohlenstoffgehalt ermittelt. Es wird ein genereller Umrechnungsfaktor von 1,72 zugrunde gelegt, der jedoch tatsächlich, abhängig von der Qualität der organischen Substanz, zwischen 1,5 und 2,0 schwankt.

Die Gehalte des organischen Kohlenstoffgehaltes der Proben bewegen sich zwischen 10,5 und 40,5 Gew.-% im Oberboden (A_h-Horizont) und 0,3 und 5,9 Gew.-% im Unterboden (B-Horizont) [Abbildungen 5.6 und 5.7]. Die Gehalte des anorganischen Kohlenstoffgehaltes bewegen sich von 0 bis 0,4 Gew.-% im Oberboden und zwischen 0 und 3,7 Gew.-% im Unterboden.

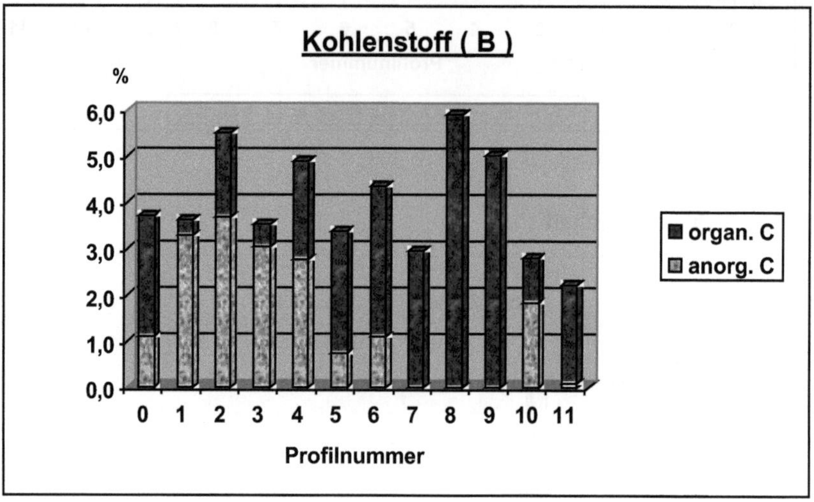

Abbildung 5.7: Kohlenstoffgehalte im Unterboden

Mit zunehmendem Gehalt an organischer Substanz nimmt in der Regel der Gehalt an puffernd wirkenden Huminstoffen zu und damit auch die Belastbarkeit der Pedosphäre mit Schadstoffen (HERMS & BRÜMMER, 1980). Insbesondere bei sauren Reaktionsverhältnissen besitzen organische Substanzen im Vergleich zu mineralischen Bodenkomponenten eine deutlich höhere Bindungskapazität für Schwermetalle (HERMS & BRÜMMER, 1984). Wie die Ergebnisse von Modellversuchen zeigen, sind von den Wechselwirkungen zwischen der Schwermetalllöslichkeit und den Gehalten der Bodenproben an organischer Substanz die Elemente Blei (und Kupfer) deutlich stärker als Cadmium und Zink betroffen (HERMS & BRÜMMER, 1984).

Die in dieser Arbeit gemachten Analysen bestätigen diese Befunde nicht uneingeschränkt. Die erhöhten Pb-Gehalte in den Waldbodenproben gehen nicht in allen Proben mit erhöhten Gehalten an organischem Kohlenstoff einher.

Hornburg (1991) gibt eine Affinitätsreihe für die Beziehungen zwischen den Schwermetallgesamt- und Humusgehalten der Waldbodenproben in der Reihe

Pb > Cu > Cd > Zn > Mn

wieder. Diese Reihenfolge kann somit auch als für die Bindung der Schwermetalle an die organische Substanz gedeutet werden.

5.2.3 Nährelemente in den Bodenproben

Höhere Pflanzen benötigen für ihr Gedeihen eine Reihe lithogener und atmogener Nährstoffe. Das atmogene Element Kohlenstoff wird vorwiegend gasförmig, Sauerstoff teils gasförmig teils gemeinsam mit Wasserstoff als Wasser aufgenommen. Der Luftstickstoff gelangt im Wege des Stickstoffkreislaufes als Nitrat- oder Ammonium-Ion oder auch als organisches Molekül aus dem Boden in die Pflanze.

Die gesteinsbürtigen Nährstoffe werden in Haupt- und Spurenelemente unterteilt. Die Hauptnährelemente (K, Ca, Mg, Fe, P, S) werden von Pflanzen in relativ großen Mengen benötigt. Die Relation zwischen den Nährelementgehalten von Pflanzen und deren Wachstum ist nicht linear; sie beschreibt vielmehr eine charakteristische Kurve. Die Kurve bezieht sich vor allem auf landwirtschaftliche Ertragsbeurteilungen, doch gilt sie prinzipiell auch für Waldbäume und ganz allgemein für die Nährelementsituation eines Waldstandortes. Dabei ist zu berücksichtigen, dass die Nährelementaufnahme nicht allein vom Nährelementangebot im Boden, sondern auch von der Durchwurzelungstiefe, von der Feinwurzelentwicklung und Mykorrhizierung, der Wasserversorgung und Durchlüftung des Bodens, dem physikalischen, chemischen und biologischen Bodenzustand, der Transpirationsrate der Bäume und andern Faktoren abhängt.

In dieser Arbeit werden alle Analysenwerte in der Reinelementform der Nährelemente angegeben. Umrechnungen auf die Oxidform kann man mittels der jeweiligen Faktoren (dargestellt im Anhang) ermitteln.

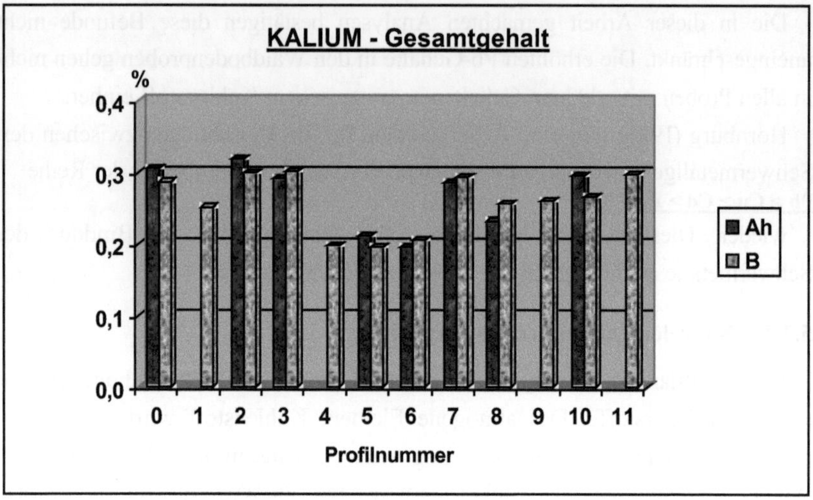

Abbildung 5.8: Kalium-Gesamtgehalte der Bodenproben in Prozent

Kalium kommt in den Pflanzen nicht in organischer Verbindung sondern als Ion vor. Seine Bedeutung liegt vor allem in seiner quellungsfördenden Wirkung (Osmoregulation) und damit zum Teil in der Aktivierung von Enzymen. Die Kaliumgehalte aller Proben liegen zwischen 0,2 und 0,3 % [siehe Abbildung 5.8].

In den kaliumreichsten Tonmineralen liegen die Gehalte um rund 10 %. In der Regel enthält ein Boden umso mehr Gesamtkalium, je höher seine Ton- und Schlufffraktionen sind. Diese hohen Kaliumgehalte können deshalb nicht nachgewiesen werden, weil Kalium zu jenen Elementen gehört, die von der hier verwendeten Aufschlußmethode nur zum Teil erfasst werden. Der verwitterbare Vorrat macht meist etwa 10 – 20 % des Totalgehaltes aus. Berücksichtigt man diesen Faktor, so sind die Kaliumgehalte der Bodenproben mit den mittleren Gehalte der Boden-Ausgangsgesteine recht gut zu vergleichen [KILIAN et al. 1992].

Die Bedeutung des Calciums für die Pflanzenernährung liegt vor allem in seiner anatagonistischen Wechselwirkung gegenüber Kalium: Es wirkt entquellend auf die Plasmakolloide der Pflanzen. Außerdem besitzt es spezifische Bedeutung für die Struktur und Funktion aller Zellmembranen. Die Calcium-Gesamtgehalte zeigen Werte zwischen 0,22 und 1,87 % für den A_h-Horizont und zwischen 0,21 und 3,6 % im B-Horizont [siehe Abbildung 5.9].

Die durch Karbonat stärker beeinflußten Böden des Revieres Rabenstein (Profil 2 – 6) zeigen auch deutlich höhere Calcium-Gehalte als die Profile des Arzwaldgrabens (Ausnahme: Referenzprofil 0).

Mit dem Überschuß (bzw. Mangel) an Calcium (Karbonat) müssen die Pflanzen zurechtkommen. Dieses Faktum beeinflußt noch eine Reihe anderer Parameter (z. B. Wärme- und Wasserhaushalt) und hat zur Ausbildung speziell angepaßter Pflanzen geführt (calciphile bzw. calcifuge Pflanzen). Diese Besonderheit stellt ein wesentliches ökologisches Differenzierungsmerkmal dar [siehe auch Kapitel 3.7].

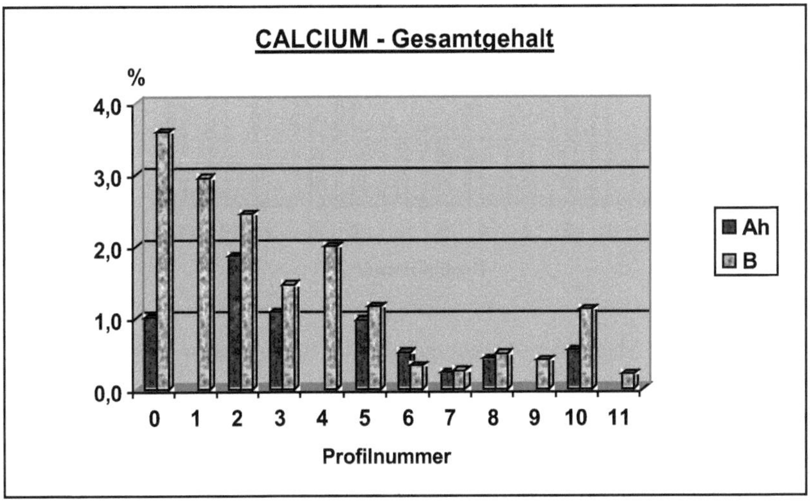

Abbildung 5.9: Calcium-Gesamtgehalte der Bodenproben in Prozent

Magnesium stellt einen wichtigen Baustein für die pflanzliche Zelle dar. Es liegt im Zentrum des Chlorophyllmoleküls und ist damit wesentlich für die Photosynthese. Weiters spielt Magnesium eine gewisse Rolle als Aktivator von Enzymen des Energiestoffwechsels. Seine Verteilung im Boden kann mit der von Kalium verglichen werden.

Die Magnesiumgehalte bewegen sich zwischen 0,4 und 2,0 % im Oberboden und 1,0 und 11,5 % (Mittelwert bei 2,0 %) im Unterboden [siehe Abbildung 5.10].

Für Pflanzen, Tiere und Menschen ist Eisen ein unentbehrliches Element, welches jedoch in relativ geringen Mengen benötigt wird. Den Pflanzen dient

Eisen vor allem zur Synthese des Chlorophylls und für den photosynthetischen Elektronentransport. Eisenmangel kann trotz hoher Gehalte an Eisenoxiden auf karbonathältigen Böden auftreten. Der Eisengesamtgehalt im Boden gibt nur bedingt Auskunft über den pflanzenverfügbaren Eisenanteil.

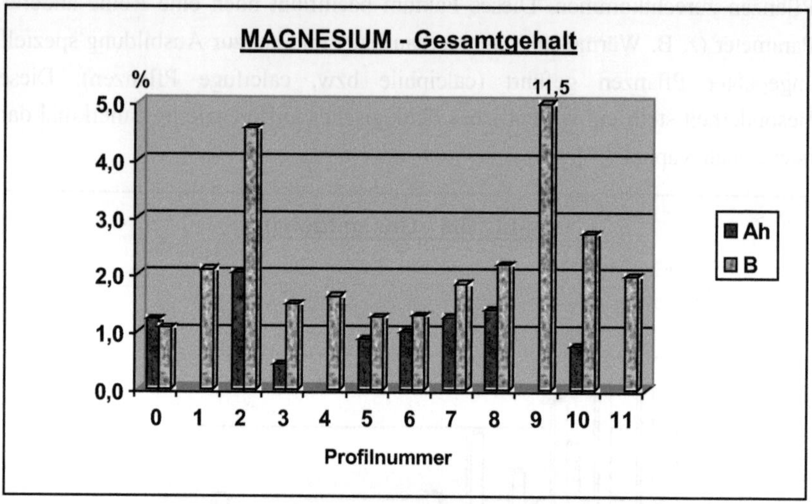

Abbildung 5.10: Magnesium-Gesamtgehalte der Bodenproben in Prozent

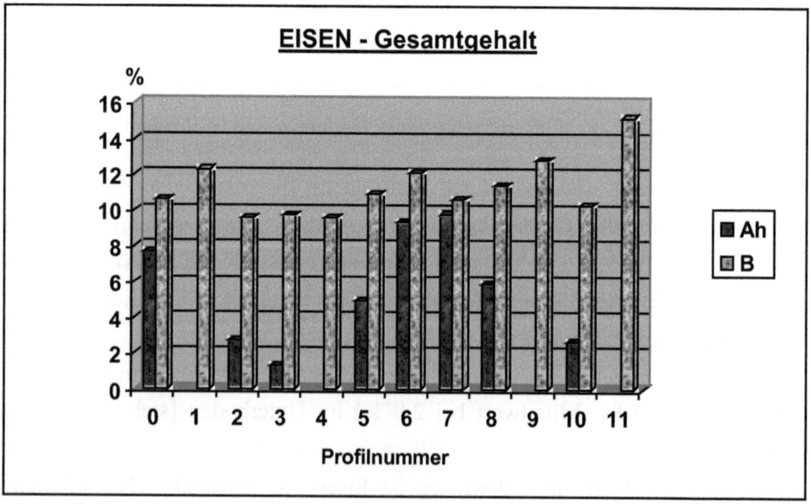

Abbildung 5.11: Eisen-Gesamtgehalte der Bodenproben in Prozent

Die Gehalte an Eisen liegen zwischen 1,3 und 9,8 % im Oberboden und 9,6 und 15,2 % im Unterboden.

Die Gehalte an den Nährelementen Kalium, Calcium, Magnesium und Eisen liegen in allen Bodenpoben im Normalbereich für forstwirtschaftliche Böden [KILIAN et al. 1992].

5.2.4. Schwermetalle in den Bodenproben

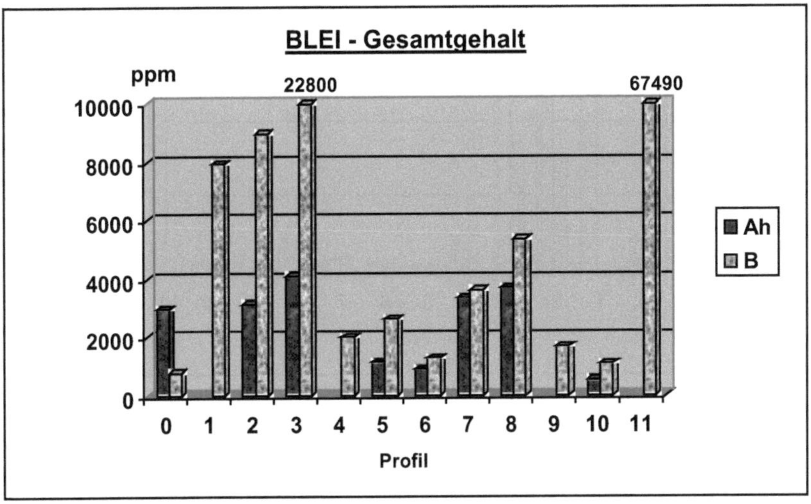

Abbildung 5.12: Blei-Gesamtgehalte der Bodenproben

Die Pb-Gesamtgehalte [siehe Abbildung 5.12] der Bodenproben zeigen ein sehr uneinheitliches Bild. Die höchsten Analysenwerte findet man in den Profilen 1 – 3 (Halde 12 – Rabenstein) und im Profil 11 (Halde 18 – Arzwaldgraben). Die Gehalte des Oberbodens bewegen sich zwischen 531 und 4104 ppm, die des Unterbodens zwischen 773 und 67490 ppm Pb.

Auffallend ist der höhere Pb-Wert im A_h-Horizont gegenüber dem B-Horizont im Profil 0 (Referenzprofil). Das Profil liegt nur einige Meter hangaufwärts von einer Schotterstraße entfernt. Daher können Schwermetall-Einträge über den Staub der Straße, die teilweise mit Haldenmaterial geschüttet wurde, angenommen werden, da eine geogene Anreicherung über den Boden ausgeschlossen werden kann.

Vergleicht man die Schwermetallgehalte von Blei, Zink und Cadmium [Abbildungen 5.12 – 5.14] so erkennt man folgenden Trend: Flächen mit hohen Pb-Gesamtgehalten haben auch hohe Zn- und Cd-Gehalte; Profile mit niedrigeren Pb-Werten zeigen auch niedrige Zn- und Cd-Werte.

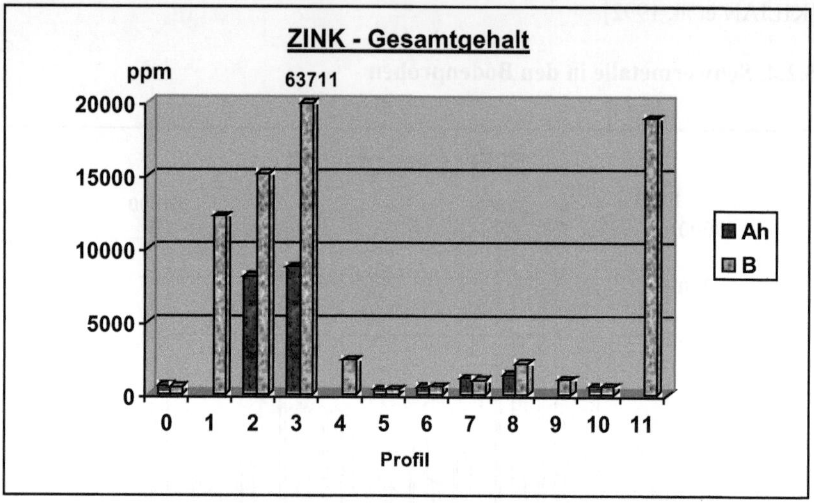

Abbildung 5.13: Zink-Gesamtgehalte der Bodenproben

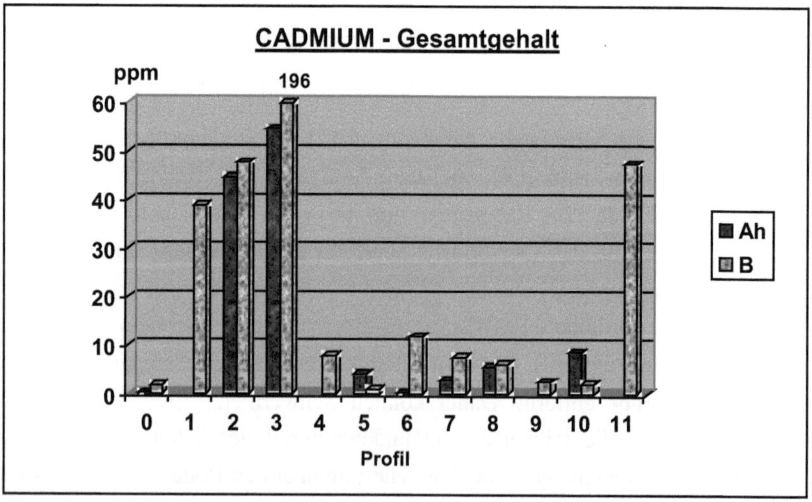

Abbildung 5.14: Cadmium-Gesamtgehalte der Bodenproben

Extrem hohe Schwermetallgehalte zeigen die Profile 1, 2, 3 und 11. Die Horizonte dieser 4 Profile zeigen Zink-Gesamtgehalte [Abbildungen 5.13] über 8000 ppm Zn mit dem Extremwert von 63711 ppm Zn im B-Horizont des Profiles 3. Alle anderen Profile haben Zinkgehalte zwischen 337 ppm und 1352 ppm im A_h-Horizont und 347 ppm und 2365 ppm im B-Horizont.

Die Cadmium-Gesamtgehalte [Abbildungen 5.14] der Horizonte der Profile 1, 2, 3 und 11 liegen über 38 ppm mit dem Extremwert von 196 ppm Cd. Die anderen Flächen besitzen Cd-Gehalte zwischen 0,1 ppm und 8,6 ppm im Oberboden und zwischen 0,9 ppm und 11,7 ppm Cd im Unterboden.

Außer der Ermittlung der Schwermetall-Gesamtgehalte wurden auch vier verschiedene Extraktionen [siehe Kapitel 5.1.5] durchgeführt, um eine Abschätzung der Mobilität (und damit der Pflanzenverfügbarkeit) von Pb, Zn und Cd vornehmen zu können. Daraus lassen sich auch die Bindungsformen der Schwermetalle im Boden ableiten.

In der Literatur findet man diverse Methoden, die sich vor allem durch die Stärke der Extraktion unterscheiden. Aber auch durch die unterschiedliche Ausführung der Eluationen sind Vergleichbarkeiten nur bedingt gegeben. Die nachfolgende Literaturangaben sollen dem Leser die Möglichkeit eines Einblickes in die Methodik (im deutschsprachigem Raum) geben:

- NH_4NO_3: ZEIEN & BRÜMMER 1989, 1991, WITTENBECHER 1999, WENZEL & JOKWER 1998, PRÜSS 1997, BERGFELDT 1995
- NH_4OAc: SIEGHARDT 1986, ECKER 1996
- EDTA: BOR & KRZYZNOWSKI 1988, NEITE 1989, HORNBURG & BRÜMMER 1993, HORNBURG 1991
- DTPA: GRUPPE & KUNTZE 1987, HORNBURG 1991, HORNBURG & BRÜMMER 1993, FILIPINSKI 1989
- Sequentielle Extraktionen: ZEIEN & BRÜMMER 1989, 1991, DÜES 1989, VIERECK et al. 1989, MANZ 1995, BERGFELDT 1995
- Vergleich von Extraktionen: BRÜMMER et al. 1986, DÜES 1987, KEPPLER 1999, FREUDENSCHUSS 2000

Der mobile Anteil an Schwermetallen im Boden lässt sich durch eine Ammoniumnitrat-Eluation ermitteln. Auch die Amoniumacetat-Extraktion erfasst den mobilen Anteil, ist aber als etwas stärker einzustufen. Die EDTA- und DTPA-Auszüge (DTPA stärker als EDTA) geben Informationen über die austauschbaren und organisch komplex gebundenen (potentiell mobilisierbaren)

Schwermetallen im Boden. Der Rest der Schwermetalle liegt im Boden als immobile Phasen vor.

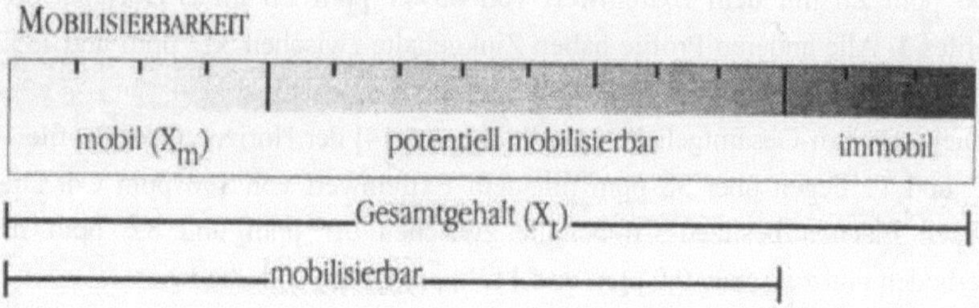

Abbildung 5.15: Gliederung der Elementverteilungen von Böden nach ihrer Mobilität (nach PRÜSS 1994)

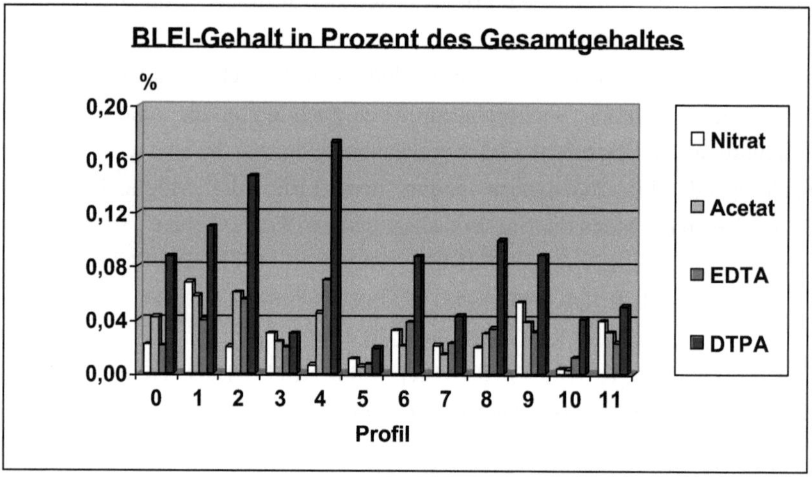

Abbildung 5.16: Blei-Gehalt der Eluationen in Prozent des Gesamtgehaltes

Um eine besser Darstellung der Schwermetallgehalte der einzelnen Extraktionen zu geben wurden die Extraktionsgehalte in Prozent des jeweiligen Schwermetall-Gesamtgehaltes angegeben. Die Blei- und Zink-Extraktionsgehalte [siehe Abbildungen 5.16 und 5.17] liegen jeweils nur bei maximal 0,2 % für Pb und bei maximal 0,3 % für Zn. Die Cadmium-Gehalte [siehe Abbildungen 5.18] der Extraktionen zeigen Werte bis zu 87 % vom Cd-Gesamtgehalt der Bodenproben.

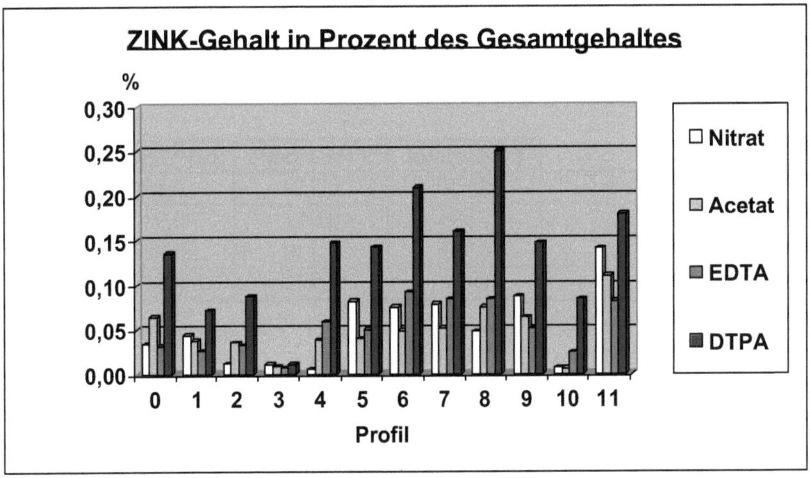

Abbildung 5.17: Zink-Gehalt der Eluationen in Prozent des Gesamtgehaltes

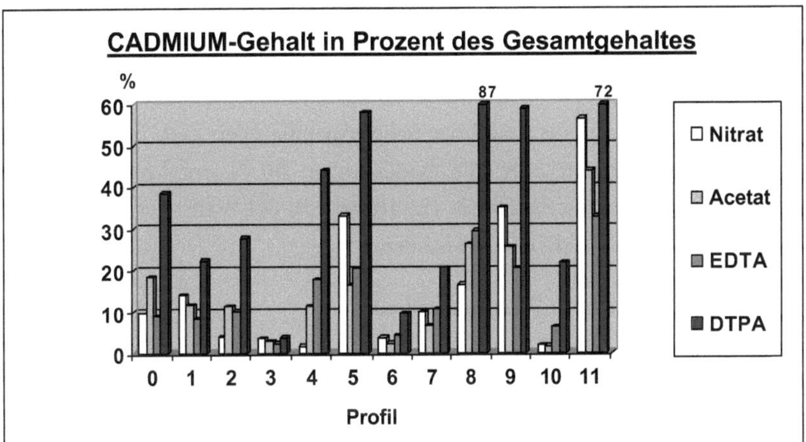

Abbildung 5.18: Cadmium-Gehalt der Eluationen in Prozent des Gesamtgehaltes

Diese Prozentanteile bestätigen die erwartete geringe Mobilität von Blei und Zink und eine relativ hohe Mobilität von Cadmium in den Böden. Allerdings müssen die hohen Schwermetall-Gesamtgehalte der einzelnen Proben berücksichtigt werden, sodass es doch auch zu hohen Pflanzenverfügbarkeiten für Blei und Zink kommt.

Durch die Berechnung von Korrelationen zwischen den Schwermetall-Gesamtgehalten und der Extraktionsgehalten an Pb, Zn und Cd können Bindungsverhältnisse im Boden erkannt werden.

	Pb-Gesamt	**Zn-Gesamt**	**Cd-Gesamt**
NO_3	0,920	0,719	0,551
Acetat	0,991	0,953	0,932
EDTA	0,995	0,970	0,882
DTPA	0,932*	0,902	0,871

Tabelle 5.1: Lineare Korrelationskoeffizienten (R^2) zwischen Gesamtgehalten und Gehalten in den Extraktionen (ohne Ausreisser) [* = logarithmisch]

Besonders gute Korrelationen ergeben sich für die Extraktionen des Bleis. Für Cadmium sind die Korrelationskoeffizienten zwischen den Gesamtgehalten und den Extraktionen deutlich geringer. Erklärbar ist dies durch die um zwei Zehnerpotenzen größere Mobilität von Cadmium. Diese hohe Mobilität verursacht komplexere Austauschvorgänge im Boden als bei den immobileren Elementen Blei und Zink, sodass hohe (niedrige) Gesamtgehalte von Cadmium nicht automatisch hohe (niedrige) Cd-Extraktionsgehalte bedingen.

Auffällig ist die große Uneinheitlichkeit der Extraktionsgehalte der einzelnen Bodenproben. Der mobile Anteil der Schwermetalle Blei, Zink und Cadmium beträgt im Durchschnitt über alle Bodenproben 50 % vom mobilisierbaren Anteil. Weitere struktuierte Trends (Einflüsse von pH-Wert oder organischem Kohlenstoff) konnten nicht erkannt werden.

5.2.5. Schwermetalle in Pflanzenproben

Die 16 Pflanzenproben lassen sich in zwei Gruppen enteilen: 8 Proben sind Fichtennadeln, die anderen 8 Proben wurden von krautigen Pflanzen genommen [siehe Kapitel 4.1.].

Die Schwermetallgehalte (in mg/kg Trockensubstanz) zeigen sehr uneinheitliche Werte. Die Blei-Werte [siehe Abbildung 5.19] der Fichtennadeln bewegen sich zwischen 3 ppm und 266 ppm Blei. Die Pb-Werte der krautigen Pflanzenproben liegen zwischen 7 und 424 ppm Pb.

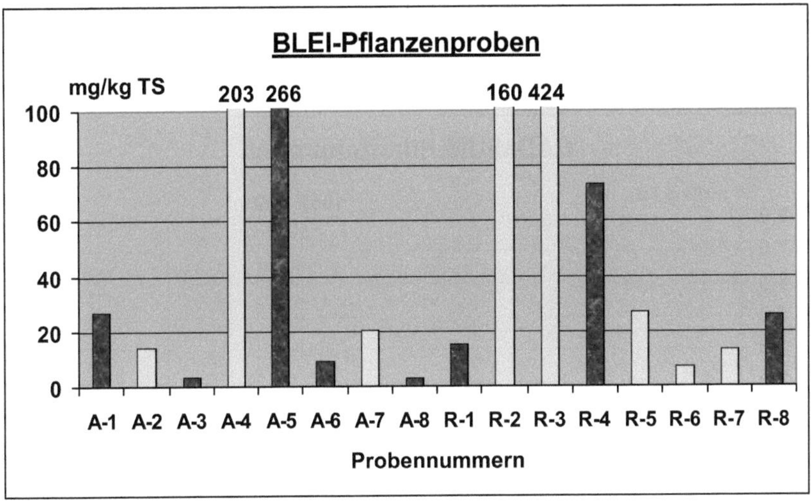

Abbildung 5.19: Pb-Gehalte der Pflanzenproben (dunkel = Fichtennadeln)

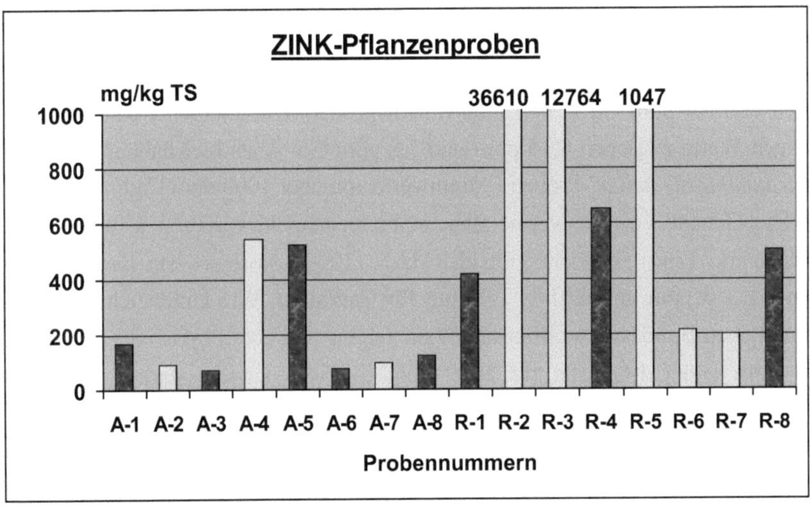

Abbildung 5.20: Zn-Gehalte der Pflanzenproben (dunkel = Fichtennadeln)

Die Zink-Gehalte [siehe Abbildung 5.20] bewegen sich zwischen 71 ppm und 653 ppm Zn in den Fichtennadelproben. Die krautigen Pflanzenproben haben Werte zwischen 94 ppm und 1047 ppm Zn. Zwei Extremwerte zeigen Gehalte von über 12000 und 36000 ppm Zink. Beide Proben (*R-Pfl-2* und *R-Pfl-3*) sind Blattproben von *Cardaminopsis halleri*. Dieses Kreuzblütengewächs ist als starker Schwermetall-Akkumulator bekannt [siehe Anhang A.1].

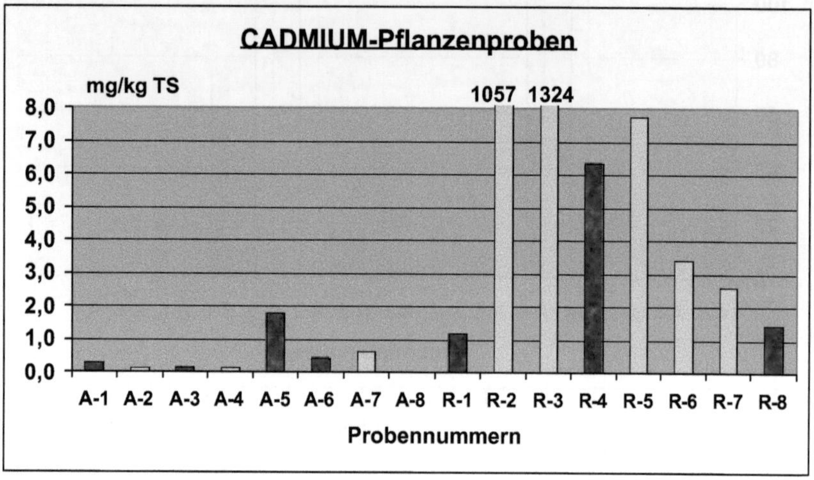

Abbildung 5.21: Cd-Gehalte der Pflanzenproben (dunkelgrün = Fichtennadeln)

Die Cadmium-Gehalte [siehe Abbildung 5.21] bewegen sich zwischen 0,02 ppm und 6,4 ppm Cd in den Fichtennadelproben. Die anderen Pflanzenproben zeigen Werte zwischen 0,15 ppm und 7,8 ppm Cd. Auch hier haben die beiden *Cardaminopsis halleri*-Proben Extremwerte von über 1000 ppm Cadmium.

Die Gehalte von Schwermetallen in Fichtennadeln variieren je nach Autor sehr stark. Eine Übersicht gibt HERMAN (1994). Normalwerte für Blei sind wohl 1 – 3 ppm und 0,01 – 1,0 ppm für Cadmium. Wie Untersuchungen der Forstlichen Bundesversuchsanstalt Wien zeigen sind aber Pb-Gehalte von bis zu 63 ppm und Cd-Gehalte bis zu 9 ppm in Fichtennadeln stark immissionsbelasteter Gebiete möglich. Die Maximalgehalte der Proben in dieser Arbeit bewegen sich in diesem Rahmen. Wichtig ist aber die Unterscheidung zwischen immissionsbedingten Schwermetallgehalten und über den Boden aufgenommene Schwermetallen.

5.2.6. Wasserproben

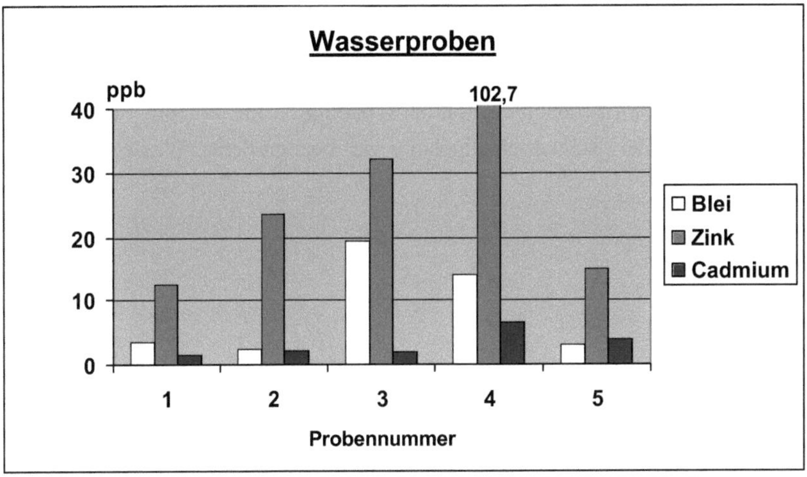

Abbildung 5.22: Cd-Gehalte der Pflanzenproben (dunkelgrün = Fichtennadeln)

Element	µg/l	µg/l	µg/l
Pb	20	40	10
Zn	300	5000*	5000*
Cd	1	5	5

Tabelle 5.2: Grenzwerte für Trinkwasser (* = Richtwert)
1. Spalte: Landesamt für Wasser und Abfall in NRW/D (1991)
2. Spalte: EU-Trinkwasserverordnung
3. Spalte: EU-Trinkwasserverordnung (ab 2003)

Die Grenzwerte der EU-Trinkwasserverordnung werden nur einmal überschritten. Nur der Cadmium-Wert der Probe *A-Was-4* liegt mit 6,45 µg/l knapp über dem geforderten Höchstwert von 5 µg/l. Die Blei-Werte der Proben *A-Was-3* und *A-Was-4* würden nur bei der Anwendung der EU-Trinkwasserverordnung 2003 den Grenzwert von 10 µg/l überschreiten. Die Zinkwerte liegen insgesamt sehr deutlich unter den Grenzwerten (Richtwerten).

Die Probe *A-Was-4*, die direkt unterhalb der Halden 12 – 15 und weiters im Einzugsgebiet der Halden 16 – 21 genommen wurde, ist durch die Schwermetalle am höchsten belastet. Die höchst gemessenen Zink- und Cadmium-Werte und der zweithöchste Blei-Wert bestätigen einen Austrag der Schwermetalle aus den Halden. Aber bereits 150 m bachabwärts bei Probenpunkt *A-Was-2* sind die Werte bereits wieder deutlich gesunken, sodass eine Verfrachtung größerer Mengen an Schwermetallen auszuschließen ist.

Die geringe Wasserführung der beiden Bäche ist durch die sehr trockene Wetterlage des Probennahmezeitpunktes bedingt. Eine erneute Probennahme und Messung der Schwermetallgehalte ist bei größerer Wasserführung zu empfehlen.

6. DISKUSSION

Ein differenziertes System zur Beurteilung von Schadstoffgehalten in Böden stellen die nutzungs- und schutzbezogenen Orientierungswerte nach EIKMANN-KLOKE (1994) dar.

Bei dieser Bewertung wurde ein „Drei-Bereiche"-System geschaffen [siehe Abbildung 6.1], das die unterschiedlichen Toleranz- und Toxizitätsbereiche für verschiedene Pflanzen und Schutzgüter berücksichtigt.

Nr.	Nutzungsart	BW	Pb	Zn	Cd
0	Multifunktionale Nutzungsmöglichkeit	BW I	100	150	1
1	Kinderspielplätze	BW II BW III	200 1000	300 2000	2 10
2	Haus- und Kleingärten	BW II BW III	300 1000	300 600	2 5
3	Sport- und Bolzplätze	BW II BW III	200 1000	300 2000	2 5
4	Park- und freizeitanlagen	BW II BW III	500 2000	1000 3000	4 15
5	Industrie- und Gewerbeflächen	BW II BW III	1000 2000	1000 3000	10 20
6	Landwirtschaftliche Nutzflächen, Obst- und Gemüseanbau	BW II BW III	500 1000	300 600	2 5
7	Nichtagrarische Ökosysteme	BW II BW III	1000 2000	300 600	5 10

Tabelle 6.1: Ausgewählte nutzungs- und schutzgutbezogenen Orientierungswerte für Schadstoffe in Böden (nach EIKMANN-KLOKE 1993, 1994)

Der erste Bereich (*Unbedenklichkeitsbereich*) wird nach oben hin durch den Bodenwert I (BW I = Unbedenklichkeitswert) begrenzt. Der nächste Bereich (*Toleranzbereich*) wird nach unten vom BW I und nach oben vom Bodenwert III (BW III = Toxizitätswert) begrenzt. Innerhalb dieses Bereiches liegt der Bodenwert II (BW II = Toleranzwert), der mit einem nutzungs- und schutzgutbezogenem Sicherheitsabstand unter BW III liegt. Der dritte Bereich (*Toxizitätsbereich*) liegt über dem BW III. Bei Überschreitung dieses Wertes ist eine gesundheitliche Gefährdung des Menschen innerhalb der angegebenen Nutzungsart auf Dauer nicht mehr auszuschließen.

Eine andere Möglichkeit einer Kategorisierung von (mobilen) Schwermetallgehalten zeigt PRÜSS (1994):

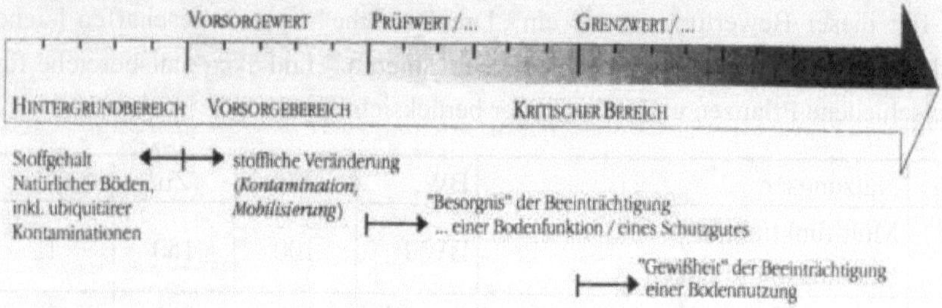

Abbildung 6.1: Kategorien für die Gehalte potentiell öko- und humantoxischer Stoffe

Element	in µg/kg Boden nach DIN V 19730 (NH_4NO_3-Auszug)		
	Nahrungs-pflanzenqualität	Futterpflanzen-qualität	Pflanzen-wachstum
Pb	300 ± 120	300 ± 120	-
Zn	-	5000 ± 500	10000 ± 1000
Cd	20 ± 6	20±6	-

Tabelle 6.2: Prüfwerte für mobile Spurenelemente in Böden

Neben den Schwermetallkonzentrationen wurden auch andere bodenchemische Parameter wie pH-Wert und organischer Kohlenstoffanteil bestimmt. Wie in Kapitel 2 beschrieben, spielen diese Parameter eine wichtige Rolle für die Verfügbarkeit der Schwermetalle. Die gemessenen pH-Werte liegen im basischen oder schwach bis mäßig saurem Bereich, der organische Anteil ist im allgemeinen hoch. Die Böden des Rabensteiner Bergbaurevieres sind durchwegs karbonatbeeinflußt. Diese Daten deuten eher auf eine starke Bindung der Elemente im Boden als auf hohe Bioverfügbarkeit hin, trotzdem erkennt man an den Pflanzenproben, dass es teilweise (sehr uneinheitlich) zur starken Aufnahme von Schwermetallen in Pflanzen kommt. Einerseits zeigt der Schwermetallakkumulator *Cardaminopsis halleri* Extremwerte, andererseits sind einige Fichtennadelproben als sehr stark belastet anzusehen.

Obwohl auf den Halden vorwiegend Taubmaterial vorhanden ist, spiegeln sich in den gemessenen Schwermetallkonzentrationen die Hauptparagenesen der Vererzung wider. Die im Haldenbereich ermittelten Gesamtgehalte und die Mobilitätsverhätltnisse von Blei, Zink und Cadmium stellen eine potentielle Belastung für den sich bildenden Boden dar. Die Emissionsgefahr der Schwermetalle Pb, Zn und Cd über den Pfad Boden muß hoch bis sehr hoch bezeichnet werden.

Die Gehalte im Boden überschreiten die Toxizitätswerte (BW III) nach EIKMANN-KLOKE für nichtagrarische Ökosysteme [siehe Tabelle 6.1] zum Großteil deutlich. Da die Probenflächen durchwegs forstwirtschftlich genutzt werden ist ein Eintrag der Schwermetalle in die Nahrungskette über landwirtschaftliche Produkte auszuschliessen.

Es kann auch davon ausgegangen werden, dass der Stoffaustrag von Schwermetallen aus den Bergwerkshalden in das Grundwasser als gering einzustufen ist.

7. LITERATUR

ADRIANO, Domy C. (1986), Trace elements in the terrestrial environment, Berlin.

ADRIANO, Domy C. (1997), Biogeochemistry of trace metals, Northwood.

AERY, N., & TIAGI, Y. D. (1986), Bioindicators and accumulators in geobotanical and biogeochemical prospecting of metals. Acta Biologica Hungarica 37 (1), 67-78.

ÄSCHBACH, Patrick (1998), Biomonitoring von Schwermetallausträgen aus alten Bergbaurevieren des Mittleren Schwarzwaldes, Jahresberichte und Mitteilungen des Oberrheinischen Geologischen Vereines 80.

ALBERT, Anna (1998), Bindungsformen und Mobilität der Schwermetalle Cd, Zn, Cu und Pb in einem Braunlehm und einer Rendsina des Gaisberges (Salzburg, Österreich), Salzburg, Dipl.-Arb.

ALLOWAY, Brain J. [Hrsg.] (1999), Schwermetalle in Böden: Analytik, Konzentrationen, Wechselwirkungen, Berlin.

ALLOWAY, B. J. & AYRES, D. C. (1996), Schadstoffe in der Umwelt: Chemische Grundlagen zur Beurteilung von Luft-, Wasser- und Bodenverschmutzungen, Heidelberg.

ARBEITSGRUPPE BODEN (1996), Bodenkundliche Kartieranleitung, Hannover.

BAKER, A. J. M. (1981), Accumulators and excludors – Strategies in the response of plants to heavy metals, Journal of Plant Nutrition 3 (1-4), 643-654.

BAUMGARTNER, Ingeborg (1992), Die Blei- und Zinkerzbergbaue des Grazer Paläozoikums von 1860 bis 1928, Graz, Dipl.-Arb.

BECK, Rolf Karl (1998), Schwermetalle in Waldböden des Schönbuchs: Bestandsaufnahme – ökologische Verhältnisse – Umweltrelevanz, Tübinger geographische Studien 121, Tübingen.

BEHRENS, Dieter, WIESNER J. [Hrsg.] (1989), Beurteilung von Schwermetallkontaminationen im Boden, DECHEMA-Fachgespräche Umweltschutz, Frankfurt/Main.

BENECKE, P. (1987), Die Versauerung bewaldeter Wassereinzugsgebiete, Geowissenschaften in unserer Zeit, 5. Jg., 1, Weinheim, 19-26.

BERGFELDT, Thomas (1995), Untersuchungen der Arsen- und Schwermetallmobilität in Bergbauhalden und kontaminierten Böden im Gebiet des Mittleren Schwarzwaldes, Karlsruher geochemische Hefte 6, Karlsruhe.

BERGMANN, W. (1989), Boden- und Umweltfaktoren, die die Mineralstoffaufnahme der Pflanzen beeinflussen – unter besonderer Berücksichtigung der Schwermetalle, In: BEHRENS, D. & WIESNER, J. [Hrsg.], Beurteilung von Schwermetallkontaminationen im Boden, Schriften-reihe der Dechema-Arbeitsgruppe, Frankfurt, 317-340.

BERGMANN, W. [Hrsg.] (1993), Ernährungsstörungen bei Kulturpflanzen, Stuttgart.

BERROW, M. L. & BURRIDGE, J. C. (1991), Uptake, destribution and effects of metal compounds on plants, In: MERIAN, E. [Hrsg.], Metals and their compounds in the environment, Weinheim, 399-410.

BIMESHOFER, H. (1991), Hydrologische Aufnahme im Einzugsgebiet des Arzbaches.- Dipl.-Arb., Graz.

BINGHAM, F. T., PAGE, A. L., MAHLER, R. J. & GANJE, T. J., (1975), Growth and cadmium accumulation of plants grown on a soil treated with a cadmium enriched seawage sludge, J. Environ. Qual. 4, 207-210.

BLUME, H.-P. (1992), Handbuch des Bodenschutzes, Landsberg.

BLUME, H.-P. & BRÜMMER, G. (1987), Prognose des Verhaltens von Schwermetallen in Böden mit einfachen Feldmethoden.- Mitteilungen der Deutschen Bodenkundlichen Gesellschaft 53, 11-117, Göttingen.

BOR, J; KRZYZYNOWSKI, J. (1988), Ermittlung der Schwermetallmobilität im Boden, Mainzer Geowissenschaftliche Mitteilungen 17, Mainz, 235-248.

BOR, J., BAUER, I. & HUTZLER-GARDT, U. (1997), Natürliche und anthropogene Schwermetallgehalte im Boden - ein Beitrag zum Bodenschutz, Geo-Forum Rheinland-Pfalz 1, 30-35, Mainz.

BRANDSTETTER, Anton (1999), Trace element solubility in soils: risk assessment and methodology, Wien, Diss.

BROCKAMP, Olaf (1974), Verwitterungsversuche mit organischen Säuren an einigen schwerlöslichen Fe-Pb-Zn und Cu Erzmineralen, angewendet auf die Genese des Kupferschiefers, Contributions to Mineralogy and Petrology 43, 213-221.

BRÜMMER, G., GERTH, J. und HERMS, U. (1986), Heavy Metal Species, Mobility and Availability in soils, Zeitschrift für Pflanzenernährung und Bodenkunde 149, 382-398.

BRÜMMER, G., ZEIEN, H., HILLER, D. A., HORNBURG, V., (1994), Bindungsformen und Mobilität von Cadmium und Blei in Böden, In: KREYSA, G., WIESNER, J. [Hrsg.], Beurteilung von Schwermetallen in Böden von Ballungsgebieten: Arsen, Blei und Cadmium, Resümee der DECHEMA-Arbeitsgruppe "Bewertung von Gefährdungspotentialen im Bodenschutz", Frankfurt/Main, 197-218.

BURGHARDT, Helmut (1992), Stabilität von Schwermetall-Humatkomplexen und die Pflanzenverfügbarkeit der darin enthaltenen Schwermetalle, Göttingen, Diss.

BURGSTALLER, Fritz (1968), Untersuchungen der Grazer Blei-Zink-Lagerstätten westlich der Mur, Leoben, Diss.

CZERMAK, F. (1927), Gutachten über die Aufschlüsse von Blei-, Silber- und Zink-Erzen des Josef Kogler und Anton Lokar in der Katastralgemeinde Hofamt, Ortsgemeinde Rothleiten, Gerichtsbezirk Frohnleiten, Steiermark, Unveröffentlichte Gutachten, Lagerstättenarchiv der Geologischen Bundesanstalt, Graz.

CZERMAK, F. (1938), Gutachten über die Blei-Silber-Zink Erzbergbaue von Guggenbach bis Übelbach, sowie die Blei-Silber-Zink- und Schwefelkiesbergbaue von Groß-Stübing in Mittel-Steiermark, Unveröff. Gutachten, Lagerstättenarchiv Geol. Bundesanstalt, Graz.

DEHN, Barbara (1988), Bioverfügbarkeit von Schwermetallen in Abhängigkeit von Bodeneigenschaften, Zürich.

Deutscher Verband für Wasserwirtschaft u. Kulturbau e.V., (1988), Beurteilung der Fähigkeiten von Böden, zugeführte Schwermetalle zu immobilisieren, DVWK-Merkblätter zur Wasserwirtschaft 212, Hamburg.

DIEDEL, Ralf (1986), Geochemie und Vererzung im Rheinischen Schiefergebirge: geochemische, lagerstättenkundliche und bodenphysikalische Untersuchungen zur Mineralisation und zur Schwermetallbelastung der Böden, Fortschritte in der Geologie von Rheinland und Westfalen 34, Krefeld.

DIENEMANN, Holger (1995), Geochemische und botanische Untersuchungen an Böden und Pflanzen auf Halden des Mansfelder Kupferschieferbergbaues, Freiberg, Dipl.-Arb.

DÖLLING, Manfred (1994), Untersuchungen von Mobilität und Bindungsformen ausgewählter Schwermetalle in Bergehalden des Ruhrreviers, In: Umweltgeowissenschaften – eine Kursbestimmung, Heidelberger geowissenschaftliche Abhandlungen 78, Heidelberg.

DÖLLING, Manfred (1995), Bindungsformen und Mobilität ausgewählter Schwermetalle in Abhängigkeit des Verwitterungsgrades aufgehaldeter Ton-, Silt- und Sandsteine (Berge) des Oberkarbons, Essen.

DÜES, G. (1987), Untersuchungen zu den Bindungsformen und ökologisch wirksamen Fraktionen ausgewählter toxischer Schwermetalle in ihrer Tiefenverteilung in Hamburger Böden, Hamburger Bodenkundliche Arbeiten 9, Hamburg.

DÜES, G. (1989), Bindungsformen von Schwermetallen im Boden, dargestellt auf der Basis fraktionierter Extraktion, In: BEHRENS, D. & WIESNER, J. [Hrsg.], Beurteilung von Schwermetallkontaminationen im Boden, Schriftenreihe der Dechema-Arbeitsgruppe, Frankfurt, 143-168.

DÜRETH, Joneck Sabine (1992), Entwicklung eines naturnahen, praxisorientierten Mobilitätstests für Schwermetalle und Arsen in kontaminierten Böden, Schriftenreihe des Institut für Siedlungswasserwirtschaft 66, Universität Karlsruhe.

EBNER, F. (1983), Erläuterungen zur geologischen Basiskarte 1:50.000 der Naturraumpotentialkarte "Mittleres Murtal", Mitteilungen der Abteilung für Geologie, Paläontologie und Bergbau des Landesmuseums Joanneum, Heft 44, Graz.

EBNER F. & WEBER L. (1978), Die geologisch-tektonischen Verhältnisse zwischen Tannebenstock und Rötschgraben (Grazer Paläozoikum), Mittelungen des naturwissenschaftlichen Vereines für die Steiermark 108, Graz, 95-113.

ECKER, Sonja, HORAK, Othmar (1996), Beziehungen zwischen der Schwermetallaufnahme von Sommerweizen und leicht mobilisierbaren Schwermetallfraktionen in Böden, OEFZS-Berichte 4787, Seibersdorf.

EIKMANN, T. & KLOKE, A. (1991), Nutzungs- und schutzgutbezogene Orientierungswerte für (Schad-)Stoffe in Böden, Bodenschutz-Loseblattsammlung, Berlin.

EIKMANN, T., KLOKE, A. (1993), Nutzungsmöglichkeiten und Sanierung belasteter Böden: Eikmann-Kloke-Werte, VDLUFA-Schriftenreihe 34, Darmstadt.

EIKMANN, T., KLOKE, A. (1994), Ableitungskriterien für die EIKMANN-KLOKE-Werte, In: KREYSA, G., WIESNER, J. [Hrsg.], Beurteilung von Schwermetallen in Böden von Ballungsgebieten: Arsen, Blei und Cadmium, Resümee der DECHEMA-Arbeitsgruppe "Bewertung von Gefährdungspotentialen im Bodenschutz", Frankfurt/Main, 469-500.

ELSPASS, Rolf (1988), Mobile und mobilisierbare Schwermetallfraktionen in Böden und im Bodenwasser: dargestellt für die Elemente Blei, Cadmium, Eisen, Mangan, Nickel und Zink unter landwirtschaftlichen Nutzflächen, Marburger geographische Schriften 109, Marburg/Lahn.

ERNST, W. (1969), Die Schwermetallvegetation Europas, Habil.-Schrift, Münster.

ERNST, W. (1974), Schwermetallvegetation der Erde, In: TÜXEN, R. [Hrsg.], Geobotanica selecta, Stuttgart.

ERNST, W. (1982), Schwermetallpflanzen, In: KINZEL, H., Pflanzenökologie und Mineralstoffwechsel, Stuttgart, 472-506.

FEDERER, Peter, STICHER, Hans (1994), Zusammensetzung und Speziierung der Bodenlösung eines mit Schwermetallen belasteten kalkreichen Bodens, Zeitschrift für Pflanzenernährung und Bodenkunde 157, Weinheim, 131-138.

FEICHTER, Monika Maria, MOGESSIE, A., THALHAMMER, O. A. R., WEBER, Leopold (1998), Die Pb-Zn-Lagerstätte Arzberg/Steiermark, Mitteilungen der Österreichischen Mineralogischen Gesellschaft 143, Pörtschach, 271-272.

FIEDLER, Hans Joachim (1990), Bodennutzung und Bodenschutz, Basel.

FILIPINSKI, Marek (1989), Pflanzenaufnahme und Lösbarkeit von Schwermetallen aus Böden hoher geogener Anreicherung und zusätzlicher Belastung, Göttingen, Diss.

FISCHER, W. R., FECHTER, H. (1982), Analytische Bestimmung und Fraktionierung von Cu, Zn, Pb, Cd, Ni und Co in Böden und Unterwasserböden, Zeitschrift für Pflanzenernährung und Bodenkunde 145, 151-160.

FLÜGEL, H. (1953a), Geschichte, Ausdehnung und Produktion der Blei-Zinkabbaue des Grazer Paläozoikums. III. Die Baue zwischen Groß-Stübing und Rabenstein, Berg- und Hüttenmännische Monatshefte 98, 61-68, Wien.

FLÜGEL, H. & E. (1953b), Geschichte, Ausdehnung und Produktion der Blei-Zinkabbaue des Grazer Paläozoikums. IV. Besitzverhältnisse, Zusammenfassung und Schluß, Berg- und Hüttenmännische Monatshefte 98, 211-218, Wien.

FLÜGEL, H. (1958), 140 Jahre geologische Forschung im Grazer Paläozoikum, Mitteilungen des naturwissenschaftlichen Vereines der Steiermark 88, 57-78, Graz.

FREUDENSCHUß, Alexandra (2000), Vergleich unterschiedlicher Extraktionsmethoden zur Bestimmung pflanzenverfügbarer Schwermetalle in Waldböden, Dipl.-Arb.

FRIBERG, L. (1990), Handbook on the Toxicology of Metals, Amsterdam.

GASPARITZ, A. (1890), Der Bergbau auf silberhältiges Blei und Zink in Deutsch-Feistritz, Peggau und Waldstein, In: Deutsch-Feistritz und Peggau mit den nächsten Burgen, 199-214, Graz.

GBA [Geologische Bundesanstalt] (1994), Erhebung und Bewertung ehemaliger Bergbau- und Hüttenstandorte hinsichtlich Risiko- und Folgenutzungspotentials – Haldenkataster, Geologischen Bundesanstalt, Projekt ÜLG 36/93, Wien.

GEISLER, G. (1988), Pflanzenbau: Biologische Grundlagen und Technik der Pflanzenproduktion, Berlin.

GERTH, J. (1985), Untersuchungen zur Adsorption von Nickel, Zink, und Cadmium durch Bodentonfraktionen unterschiedlichen Stoffbestandes und verschiedene Stoffkomponenten, Dissertation, Kiel.

GHAFOOR S. H. (1996), Untersuchungen zur Mobilisierung und Immobilisierung von Schwermetallen in offenen Grubenräumen, Halden und Böden, Clausthal, Diss.

GODBOLD, D. L. (1991), Die Wirkung von Aluminium und Schwermetallen auf Picea abies Sämlinge, Schriften aus der Forstlichen Fakultät der Universität Göttingen und der Niedersächsischen Forstlichen Versuchsanstalt 104, Frankfurt/Main.

GRUPPE, M., KUNTZE, H. (1988), Zur Ermittlung der Schwermetallverfügbarkeit lithogen und anthropogen belasteter Standorte 1, Cd und Cu, Zeitschrift für Pflanzenernährung und Bodenkunde 151, 319-324.

HAGEMEYER, J. (1992), Untersuchung des Einflusses von Schwermetallen (insbes. Cd, Zn) auf die Kambiumaktivität mitteleuropäischer Waldbäume (Buche, Fichte), Forschungsberichte zum Forschungsprogramm des Landes Nordrhein-Westfalen "Luftverunreinigungen und Waldschäden" 19, Düsseldorf.

HARRES, H. P. (1998), Zur regionalen Differenzierung und geoökologischen Bedeutung von Schwermetallgehalten in Böden und Pflanzen eines Bergbaualtlastengebietes in Südsardinien, Petermanns-Geographische-Mitteilungen 142, Heft 5-6, 277-302.

HARRES, H. P., HÖLLWARTH, M., SEUFFERT, O. (1987), Altlasten besonderer Art; Erzgewinnung in Sardinien und Schwermetallbelastung; eine Untersuchung am Beispiel des Riu sa Duchessa, Geoökodynamik 8, Bensheim, 1-48.

HAUBENWALLNER, S. (1994), Untersuchungen über die Verteilung von Arsen, Selen, Aluminium, Eisen, Kupfer und Calcium in verschiedenen Pflanzenspezies aus dem Bereich des Arsenbergbaues Rotgülden, Graz, Dipl.-Arb.

HEIN, H. & KUNZE W. (1995), Umweltanalytik, Weinheim.

HELAL, H. M., RIETZ, E. & FLECKENSTEIN, J. (1992), Aufnahme und Verteilung von Zink in Sonnenblumenpflanzen, VDLUFA-Schriftenreihe 35, Kongreßband 1992, 697-700.

HERITSCH, F. (1917), Untersuchungen zur Geologie des Paläozoikums von Graz, Denkschr. Akad. Wiss. Wien, 94, 313-374, Wien.

HERMAN, F. (1994), Schwermetallgehalte von Fichtennadeln als Kriterium zur Beschreibung der Umweltsituation, Wien, Diss.

HERMANNS, K., HILLER, D. A. (1994), Schwermetalle und Arsen in Böden - Bindung, Verfügbarkeit und Verlagerungsverhalten, In: Kommunaler Umgang mit ökologischen Altlasten, Interne Studien. Konrad-Adenauer-Stiftung, Bereich Forschung und Beratung 97, Sankt Augustin, 44-56.

HERMS, U. und BRÜMMER, G. (1980), Einfluß der Bodenreaktion auf Löslichkeit und tolerierbare Gesamtgehalte an Nickel, Zink, Cadmium und Blei in Böden und kompostierten Siedlungsabfällen, Landwirtschaftliche Forschung 33, 408-423.

HERMS, U. und BRÜMMER, G. (1984), Einflußgrößen der Schwermetallöslichkeit und -bindung in Böden, Zeitschrift für Pflanzenernährung und Bodenkunde 147, 400-424.

HERPIN, U., SIEWERS, U., KREIMES, K, MARKERT, B. (1998), Biomonitoring: Bewertung von Bleigehalten aus zwei gesamtdeutschen Moos-Monitoring-Programmen, Zeitschrift-für-Angewandte-Geologie 44, 195-203.

HODEL, M., PUCHELT, H. (1993), Untersuchungen zur Festlegung und Mobilisierung von Arsen, Cadmium, Nickel und Blei an ausgewählten Festphasen unter besonderer Berücksichtigung von Huminsäuren, Berichte der Deutschen Mineralogischen Gesellschaft, Beihefte zum European Journal of Mineralogy 1993, Heft 1, München.

HOFER, H. & SCHÜTZ, E. (1980), Beitrag zur Ermittlung der pflanzenbaulichen Schadgrenze von Schwermetallen, Mitteilungen für die Schweizerische Landwirtschaft 28, 66-77.

HORNBURG, V. (1991), Untersuchungen zur Mobilität und Verfügbarkeit von Cadmium, Zink, Mangan, Blei und Kupfer in Böden, Bonner bodenkundliche Abhandlungen 2, Bonn.

HORNBURG, V., BRÜMMER, G. W. (1993), Verhalten von Schwermetallen in Böden, 1. Untersuchungen zur Schwermetallmobilität, Zeitschrift für Pflanzenernährung und Bodenkunde 156, 467-477

KABATA-PENDIAS, A. & PENDIAS, H. (1985), Trace elements in soils and plants, Boca Raton.

KAISER, G. (1978), Daten und Dokumente zum Umweltschutz, Sonderreihe Umwelttagung Univ. Hohenheim 22, Hohenheim.

KAMEL, A. A. (1990), Ein Langzeitversuch zur Untersuchung der Pflanzenverfügbarkeit von Schwermetallen in verschiedenen Böden, Wien, Diss.

KASPEROWSKI, E. (1993), Schwermetalle in Böden im Raum Arnoldstein, Monographien/Umweltbundesamt, Bundesministerium für Umwelt, Jugend und Familie 33, Wien, 155.

KAUTZ, O. (1995), Schwermetalle in Bioabfällen, In: THOMÉ-KOZMIENSKY [Hrsg.], Biologische Abfallbehandlung - Enzyklopädie der Kreislaufwirtschaft, 80-93.

KAZANTIS, G., In: WALDRON, H. A. [Hrsg.] (1980), Metals in the Environment, Kap. 8, London.

KEPPLER, J. (1999), Modellversuche und Geländeuntersuchungen zur Kinetik der Schwermetall-Festlegung sowie zur Löslichkeit, Mobilisierung und Verlagerung von Schwermetallen in belasteten Böden, Bonner bodenkundliche Abhandlungen 27, Bonn.

KIEKENS, L. & CAMERLYNCK, R. (1983), Transfer characteristics for uptake of heavy metals by plants, Lanwirtschaftliche Forschung, Sonderheft 39, 255-261.

KILIAN et al. (1992), Österreichische Waldboden-Zustandsinventur, Mitteilungen der Forstlichen Bundesversuchsanstalt 168/I+II, Wien.

KLOKE, Adolf (1984), Problematik von Orientierungs-, Richt- und Grenzwerten für Schwermetalle in biologischen Substanzen, In: Schutz des Umweltmediums Boden, Loccumer Protokolle 27, 61-119.

KLOKE, A. (1994), Beurteilung von Schwermetallen in Böden von Ballungsgebieten: Arsen, Blei und Cadmium; Resümee der DECHEMA-Arbeitsgruppe "Bewertung von Gefährdungspotentialen im Bodenschutz", Frankfurt/Main.

KNEBEL, P. (1995), Entwicklung eines standardisierten biologischen Schnelltests zur Abschätzung der pflanzenverfügbaren Schwermetallgehalte in Altlast-Verdachtsflächen, Bonn, Diss.

KOCH, D., GRUPPE, M. (1993), Mobilität von Schwermetallen geogener/anthropogener Herkunft, Mitteilungen der Deutschen Bodenkundlichen Gesellschaft 72, Heft 1, Kiel, 385-388.

KÖNIG, W. (1986), Schwermetallbelastung von Böden und Kulturpflanzen einiger ehemaliger Erzabbaugebiete in Nordrhein-Westfalen, Fortschritte in der Geologie von Rheinland und Westfalen 34, Krefeld, 455-470.

KOSMUS W. (1998), Schwermetalle in Böden und der Transfer in die Pflanzen – Bodenschutzbericht des Landes Steiermark 1997, 75-85, RA 8, Graz.
KOß, V. (1997), Umweltchemie, Eine Einführung für Studium und Praxis, Berlin.
KREYSA, G. (1994), Beurteilung von Schwermetallen in Böden von Ballungsgebieten: Arsen, Blei und Cadmium, Resümee der DECHEMA-Arbeitsgruppe "Bewertung von Gefährdungspotentialen im Bodenschutz", Frankfurt/Main.
KUNTZE, H., ROESCHMANN, G. & SCHWERTFEGER, G. (1994), Bodenkunde.
KÜRZL, H. (1979), Bericht über mineralogische Untersuchungen an den Blei-Zink-Vererzungen des Grazer Paläozoikums westlich der Mur im Bereich Rabenstein bis Stübinggraben, Unveröffentlichte Dipl.-Arb., MH Leoben.
LABUT, P. C. (1979), Beitrag zur Feststellung der natürlichen Schwermetallgehalte in Quell- und Oberflächenwässern der Bergbaugebiete Niederösterreichs, Wien, Dipl.-Arb.
Landwirtschaftliches Versuchszentrum Steiermark (RA 8) (2000), Bodenschutzbericht 1999, 2. Aufl., Graz.
LANGEGGER, J. (1985), Eintrag von toxischen Schwermetallen in landwirtschaftliche Nutzflächen: ökologische und wirtschaftliche Gesichtspunkte dieser Umweltbelastung, Wien, Dipl.-Arb.
LATAL, Ch. (1998), Umweltgeologische Untersuchungen an ausgewählten Bergbaustandorten des Grazer Paläozoikums: (Großstübing, Guggenbach), Graz, Dipl.-Arb.
LATAL, C., WOLF, C. & FENNINGER, A. (1998), Bergbauhalden - ein Risiko für die Umwelt? Hydrochemische, geochemische und geotechnische Untersuchungen an ausgewählten Bergbauhalden des Grazer Paläozoikums, 4. Arbeitstagung Erdwissenschaftliche Aspekte des Umweltschutzes UG´98, Arsenal Wien, 233-237, Wien.
LEINWEBER, P. (1996), Schwermetallgehalte und Schwermetallbindungsvermögen der Böden im agrarischen Intensivgebiet Südoldenburg, Vechta.
LENZ, W. (1986), Untersuchungen zur Schwermetallbelastung und -mobilität im ehemaligen Blei-Zink-Revier Bad Ems/Holzappel, Gießener geologische Schriften 40, Gießen.
LEVITT, J. (1980), Responses of plants to environmental stresses, New York.
LEWANDOWSKI, J. (1997), Schadstoffe im Boden: eine Einführung in Analytik und Bewertung mit Versuchsanleitungen, Berlin.
LICHTFUSS, R. (1998), Geogene, pedogene und anthropogene Schwermetallgehalte in Böden, In: BEHRENS, D. & WIESNER, J. [Hrsg.] Beurteilung von Schwermetallkontaminationen im Boden, Schriftenreihe der Dechema-Arbeitsgruppe, Frankfurt, 119-135.
LÖSCHER, M. (1997), Umweltgeologische Aspekte historischer ausgewählter Bergbaustandorte des Grazer Berglandes, Graz, Dipl.-Arb.
MAIER, A. & MELCHER, F. (1996), Schwermetallbindungsformen in Böden der ehemaligen Bergbaustandorte Walchen und Flatschach, Steiermark, Berg- und Hüttenmännische Monatshefte, 141. Jg., 10, 456-461, Wien.
MANZ, M. (1995), Umweltbelastungen durch Arsen und Schwermetalle in Böden, Halden, Pflanzen und Schlacken ehemaliger Bergbaugebiete des mittleren und südlichen Schwarzwaldes, Karlsruher geochemische Hefte 7, Karlsruhe.
MARKERT, B. (1993a), Instrumentelle Multielementanalyse von Pflanzenproben, Weinheim.
MARKERT, B. (1993b), Plants as biomonitors: indicators for heavy metals in the terrestrial environment, Weinheim.
MARKERT, B. (1994), Environmental sampling for trace analysis, Weinheim.
MARKERT, B., ÖHLMANN, J., ROTH, M. (1997), Biomonitoring von Schwermetallen - eine kritische Bestandsaufnahme, Zeitschrift für Ökologie und Naturschutz 6, Heft 1, 1-8.
MARQUARD, R. & BÖHM, H. (1992), Cadmiumgehalte von Lein und Sonnenblumen in Abhängigkeit von Genotyp und Standort, Proc. Mengen- und Spurenelemente Arbeitst., Jena, 224-231.

MARSCHNER, H. (1985), Nährstoffdynamik in der Rhizosphäre, Berichte der deutschen Botanischen Gesellschaft 98, 291-309.

MARSCHNER, H. (1990), Aufnahme von Nickel und Cadmium durch verschiedene Pflanzenarten auf geogen und anthropogen belastete Böden, Bericht über das zweite Statuskolloquium, Projekt Wasser–Abfall–Boden, KfK-PWAB 5.2, 135-148.

MAYER, R. (1981), Natürliche und anthropogene Komponenten des Schwermetall-Haushalts von Waldökosystemen, Göttinger Bodenkundliche Berichte, 70, Göttingen.

MENGEL, K. (1991) Ernährung und Stoffwechsel der Pflanze, Jena.

MITTER, T. (1997), Umweltgeologische Aspekte historischer Blei- und Zinkbergbaue im Bereich des Grazer Paläozoikums, speziell beleuchtet an den Revieren Haufenreith, Arzberg und Kaltenberg-Burgstall, und Dokumentation der jüngsten Prospektionstätigkeiten in entsprechend ausgewählten Revieren, Graz, Dipl.-Arb.

MÜLLER, G. (1993), Geowissenschaftliche Umweltforschung, Heidelberger geowissenschaftliche Abhandlungen 67, Heidelberg.

MUTSCH, F. (1980), Schwermetallanalysen an Freilandpflanzen im Hinblick auf die natürliche Spurenelementversorgung und die Schwermetallintoxikation, Wien, Diss.

NEBERT, F. (o. J.), Geologische Karte des Erzgebietes Arzwaldgraben – Rabenstein, Unveröffentlichte Karte im Lagerstättenarchiv Geologische Bundesanstalt, Wien.

NEINAVAIE, H. (1994), Mineralogisch-phasenanalytische Bearbeitung von ausgewählten Bodenproben und Haldenmaterialien als Instrument kausalanalytischer Bewertung von Schwermetallgehalten und deren Zuordnung zu ihren Emissionsquellen, Bericht zum Forschungsprojekt "Bodengeochemie zur Bodenzustandserhebung, Umweltbestandsaufnahme im Gebiet des Voitsberg-Köflacher Beckens", Eisenerz.

NEITE, H. (1989), Zum Einfluß von pH und organischem Kohlenstoffgehalt auf die Löslichkeit von Eisen, Blei, Mangan und Zink in Waldböden, Zeitschrift für Pflanzenernährung und Bodenkunde 152, 441-445.

NORRISH, K. (1975), Trace Elements in Soil-Plant-Animal Systems, New York.

NULTSCH, W. (1986), Allgemeine Botanik, Stuttgart.

ORASCHE, I. C. (1993), Schwermetallstandorte im Ostalpenraum und ihre Vegetation, Wien, Dipl.-Arb.

PADEKEN, K. (1998), Schwermetallaufnahme verschiedener Pflanzenarten unter besonderer Berücksichtigung der N- und P-Ernährung, Landbauforschung Völkenrode: Sonderheft 182, Braunschweig.

PRASAD, M. N. V., HAGEMEYER, J. (1999), Heavy metal stress in plants: from molecules to ecosystems, Berlin.

PROSKE, H. (1999), Umweltgeologische Aspekte historischer Bergbau- und Hüttenstandorte in der Steiermark.- Unveröff. Bericht JOANNEUM RESEARCH, Graz.

PRÜESS, A. (1994), Einstufung mobiler Spurenelemente in Böden, In: Rosenkranz, D., Einsele, G., Harress; H. M. [Hrsg.], Bodenschutz. Ergänzbares Handbuch. Abschnitt 3600. E., Berlin.

PRÜESS, A. (1997), Bewertung mobiler (NH_4NO_3) Spurenelemente in Böden mit DIN 19730, In: Altlasten-Bewertung, Schulte-Hostede [Hrsg.], Datenanalyse und Gefahrenbewertung, Landsberg.

PUNZ, W. (1989), Zur Vegetation von Hochofenschlacken, Linzer biologische Beiträge 21/1, Linz, 211-228.

PUNZ, W. (1995a), Metallophytes in the Eastern Alps, Phyton, 35/2, Horn, 295-309.

PUNZ, W. (1995b), Erzanzeigende Pflanzen im Alpenraum – gibt`s die?, Mineralogische Rundschau 2.Jg. Heft 4, Wien, 11-15.

PUNZ, W. (1999), Kartierung von Schwermetallbiotopen im Ostalpenraum, Sauteria 10, Wien, 61-76.

PUNZ, W., SIEGHARDT, H., KOERBER-ULRICH, S. (1992), Some properties of roots growing on heavy metal containing substrata, Verein für Wurzelforschung, 3. ISRR Symp., Klagenfurt.

PUNZ, W., KÖRBER-ULRICH, S. (1993), Resistenzökologische Befunde zu schwermetallbewohnenden Pflanzen im Ostalpenraum, Verhandlungen der Zoologisch-Botanischen Gesellschaft in Österreich 130, Wien, 201-224.

PUNZ, W., ORASCHE, I. C. (1995), Pflanzen auf Schwermetallstandorten im Ostalpenraum und deren Häufigkeitsverteilung, Verhandlungen der Zoologisch-Botanischen Gesellschaft in Österreich 132, Wien, 61-80.

REHFUESS, K. E. (1990), Waldböden, Pareys Studientexte 29, Hamburg.

REHRAUER, M. (1991), Schwermetalle in Böden und Pflanzen eines ehemaligen Bergbaugebietes, Heidelberger geowissenschaftliche Abhandlungen 47, Heidelberg.

RIETZ, E. & KÜCKE, M. (1992), Schwermetallgehalte in Wurzeln und Sproß unterschiedlicher Kulturpflanzen in Abhängigkeit vom pH-Wert und vom Schwermetallgehalt des Bodens, VDLUFA-Schriftenrihe 35, Kongreßband 1992, 693-696.

RINN, G. (1997), Untersuchungen zur Schwermetallaufnahme und Akkumulation von Haldenpflanzen vor dem Hintergrund einer biologischen Bodendekontamination, Gießen.

ROTHMALER, Werner, (1999), Exkursionsflora in Dutschland, Gefäßpflanzen (Grundband [Band 2] und Atlasband [Band 3]).

ROWELL, D. L. (1994), Bodenkunde, Berlin.

SAAN, B. VAN (1995), Schwermetalle in Wäldern in der Umgebung der Bleihütte Braubach, Berichte aus der Geowissenschaft, Aachen.

SAUERBECK, D. (1983), Welche Schwermetallgehalte in Pflanzen dürfen nicht überschritten werden, um Wachstumsbeeintächtigungen zu vermeiden?, Landwirtschaftliche Forschung, Sonderheft 39, 108-129.

SAUERBECK, D. (1985a), Funktionen, Güte und Belastbarkeit des Bodens aus agrikulturchemischer Sicht, Stuttgart und Mainz.

SAUERBECK, D. (1985b), Funktionen, Güte und Belastbarkeit des Bodens durch landwirtschaftliche Nutzung, Der Boden-Engpaß für die Belastbarkeit der Umwelt, Essen, 22-33.

SAUERBECK, D. (1989), Der Transfer von Schwermetallen in die Pflanze, In: BEHRENS, D. & WIESNER, J. [Hrsg.] Beurteilung von Schwermetallkontaminationen im Boden, Schriftenreihe der Dechema-Arbeitsgruppe, Frankfurt, 281-316.

SALOMONS, W. et. al. (1995), Heavy Metals, Berlin.

SCHEDL, A. (1993), Internationaler Vergleich von Bewertungsverfahren zur Gefährdungsabschätzung von Altablagerungen / Altstandorten unter besonderer Berücksichtigung von Bergbau- und Hüttenstandorten, Unveröffentlichter Bericht der Geologischen Bundesanstalt., Projekt TC 7e/F/1992, Wien.

SCHEFFER, SCHACHTSCHABEL (1992), Lehrbuch der Bodenkunde, Stuttgart.

SCHIBL, R. J. (1997), Umweltgeologie: umweltgeologische Aspekte ausgewählter historischer Blei-Zink-Bergbau- und Hüttenstandorte des Grazer Paläozoikums (Deutschfeistritz, Schrems-Rechberg, Hinterberg-Taschen), Graz, Dipl.-Arb.

SCHINNER, F. (1997), Bodenökologie: Mikrobiologie und Bodenenzymatik, Band IV, Anorganische Schadstoffe, Berlin.

SCHMID, Ch. et al. (1979), Geophysilkalische Untersuchungen von Erzvorkommen im Grazer Paläozoikum, Berg- und Hüttenmännische Monatshefte 124, Heft 12, Leoben.

SCHNEIDER, F. K. (1982), Untersuchungen über den Gehalt an Blei und anderen Schwermetallen in den Böden und Halden des Raumes Stolberg (Rheinland), Geologisches Jahrbuch. Reihe D: Mineralogie, Petrographie, Geochemie, Lagerstättenkunde 53, Hannover, 3-31.

SCHROLL, E. (1954), Ein Beitrag zur geochemischen Analyse ostalpiner Blei-Zink-Erze, Mitteilungen der Österreichischen mineralogischen Gesellschaft, Sonderheft 3, Wien.

SCHULTE, A. (1995), Schwermetalle in Waldökosystemen: Teil 1, Wien, Habil.-Schr.

SCHULZ, C. L. & HUTCHINSON, T. C. (1991), Metal tolerance in higher plants, In: MERIAN, E. [Hrsg.], Metals and their compounds in the environment, Weinheim, 411-417.

SCHWERTMANN, U., FISCHER, W. und FECHTER, H. (1982), Spurenelemente in Bodensequenzen I: Zwei Braunerde-Podsol-Sequenzen aus Tonschieferschutt, Zeitschrift für Pflanzenernährung und Bodenkunde 145, 161-180.

SIEGHARDT, H. (1987), Schwermetall- und Nährelementgehalte von Pflanzen und Bodenproben schwermetallhaltiger Halden im Raum Bleiberg in Kärnten (Österreich), I. krautige Pflanzen, Zeitschrift für Pflanzenernährung und Bodenkunde 150, 129-134.

SIEGHARDT, H. (1988), Schwermetall- und Nährelementgehalte von Pflanzen und Bodenproben schwermetallhaltiger Halden im Raum Bleiberg in Kärnten (Österreich), II. Holzpflanzen, Zeitschrift für Pflanzenernährung und Bodenkunde 151, 21-26.

SIEGHARDT, H. (1991), Zur Anatomie und Physiologie von Pflanzen auf anthropogenen Schwermetallstandorten eines Bergbaugebietes in Österreich, Wien, Habil.-Schrift.

SIEGL, W. (1990), Ein Beitrag zur Genese der Vererzung des Grazer Paläozoikums, Miner. Depos. 9, Heft 3, Berlin, 289-295.

STEINHAUS, J. (1879), Die Blei- und Zinkbergbaue des Werkskomplexes "Ludwigshütte" zu Deutschfeistritz in Steiermark, Zeitschrift des Berg- u. Hüttenmännischen Vereines für die Steiermark und Kärnten, 11, 12, 387-394, 401-413, Wien.

STEUBING, L. & SCHWANTES, H. O. (1981), Ökologische Botanik, Heidelberg.

TORNQUIST, A. (1927), Die Blende- Bleiglanz- und Schwefelkies-Lager von Groß-Stübing, Unveröffentlichtes Gutachten Lagerstättenarchiv Geologische Bundesanstalt, Graz.

TSCHELAUT, W. (1984), Das Paläozoikum zwischen Röthelstein und Gams bei Frohnleiten, Mitteilungen des Naturwissenschaftlichen Vereines für Steiermark 114, Graz, 133-161.

TSCHELAUT, W. (1985), Über das Alter der Arzbergschichten und der Blei-Zink-Vererzung im Grazer Paläozoikum, Jahrbuch der Geologischen Bundesanstalt 128, Heft 2, Wien, 241-243.

VIERECK, L., TENHAKEN, K., OBERMANN, P., SCHRAMMECK, E. (1989), Mobilisierbarkeit von Cadmium aus Schwermetallbelasteten Oberböden, In: BEHRENS, D. & WIESNER, J. [Hrsg.], Beurteilung von Schwermetallkontaminationen im Boden, Schriftenreihe der Dechema-Arbeitsgruppe, Frankfurt, 169-188.

WALLACE, A. & BERRY, W. L. [Hrsg.] (1981), Trace element stress in plants, effects an methodology, J. Plant Nutrition 3, 13-19.

WALLNER, Harald (1996), Mobilität von Schwermetallen in steirischen Böden, Graz, Dipl.-Arb.

WANG, S. (1995), Verhalten von Schwermetallen in Böden unter besonderer Berücksichtigung der Mobilität in Abhängigkeit von ihren Konzentrationen, Hohenheimer bodenkundliche Hefte 27, Stuttgart, Diss.

WEBER, L. (1975), Die Geologie des Grazer Paläozoikums zwischen Rabenstein, Guggenbach und Deutschfeistritz unter besonderer Berücksichtigung der lithofaziellen Stellung der Blei-Zinkvererzungen, Unveröffentlichter Bericht, Wien.

WEBER, L. (1976), Zur Geologie des Grazer Paläozoikums zwischen Übelbachtal und dem Stübinggraben unter besonderer Berücksichtigung der stratiformen Blei-Zink- und Pyritvererzungen, Unveröffentlichter Bericht,Wien.

WEBER, L. (1982), Untersuchung der Erzlagerstätten im Bereich von Stiwoll-Kher (Grazer Paläozoikum), Archiv für Lagerstättenforschung der Geol. Bundesanstalt 1, Wien, 97-111.

WEBER, L. (1990), Die Blei-Zinkerzlagerstätten des Grazer Paläozoikums und ihr geologischer Rahmen, Archiv für Lagerstättenforschung der Geologischen Bundesanstalt 12, Wien.
WEBER, L. (1997), Die metallogenetischen Einheiten Österreichs / Grazer Paläozoikum, In: Handbuch der Lagerstätten der Erze, Industrieminerale und Energierohstoffe Österreichs, 341-345, Archiv für Lagerstättenforschung der Geologischen Bundesanstalt 19, Wien.
WEDEPOHL, K. H. [Hrsg.] (1972), Handbook of Geochemistry. Volume 2, Berlin.
WENZEL, W. (1995), Verteilung und Mobilität von Schwermetallen in Böden: Methodik der Erfassung, Variabilität, Dynamik und ökosystemare Effekte, Habil.-Schrift, Wien.
WENZEL, W., JOCKWER, F. (1999), Accumulation of heavy metals in plants grown on metalliferous soils in Austria, Environmental Pollution 104, 145-155.
WIEBER, G. (1994), Das ehemalige Erzrevier an der Unteren Lahn, Hydro- und geochemische sowie umweltgeologische Verhältnisse unter Berücksichtigung der Rückstände aus der Erzaufbereitung, Gießener geologische Schriften 52, Gießen.
WIEBER, G., KNOBLICH, K. (1995), Zusammensetzung, Verwitterung, Sickerwasserbeschaffenheit und Sanierungsmöglichkeiten von Halden aus der Blei-/Zinkerzaufbereitung am Beispiel der Unteren Lahn., Mainzer Geowissenschaftliche Mitteilungen 24, Mainz, 181-200.
WIEBER, G., KNOBLICH, K. (1996), Ableitung lokaler und regionaler Hintergrundwerte für Blei, Zink, Kupfer und Nickel im Boden über vererzten und nicht vererzten Gesteinen, Mainzer Geowissenschaftliche Mitteilungen 25, Mainz, 205-222.
WIEBER, Georg, MANDS, Erich, KNOBLICH, K. (1994), Schwermetallgehalte in Böden, Pflanzen und Wässern ehemaliger Buntmetallbergbaugebiete des westlichen Rheinischen Schiefergebirges, In: Das ehemalige Erzrevier an der Unteren Lahn, Gießener geologische Schriften 52, Gießen, 529-534.
WICHTMANN, H. (1986), Boden, Bodenlösung und Vegetation auf Standorten mit starker Schwermetallbelastung im ehemaligen Bergbaurevier Mechernich, Fortschritte in der Geologie von Rheinland und Westfalen 34, Krefeld, 471-492.
WILD, A. (1995), Umweltorientierte Bodenkunde, Heidelberg.
WILKENS, B. J. (1995), Evidence for groundwater contamination by heavy metals through soil passage under acidifying conditions, Geologica Ultraiectina 129, Utrecht.
WILKE, B.-W. & METZ, R. (1992), Aufnahme und Verteilung von Schwermetallen in verschiedenen Energiepflanzen, VDLUFA-Schriftenrihe 35, Kongreßband 1992, 689-692.
WITTENBECHER, Michael (1999), Mobilisierbare Schwermetalle in forstwirtschaftlichen Böden Baierns: Untersuchungen zur Extraktion mit Ammoniumnitrat (DIN 19730) / GLA-Fachberichte 18, München.
WOLF, Christian (1998), Historische Bergbaustandorte - ein Risiko für die Umwelt?: Untersuchungen an ausgesuchten Standorten des Grazer Paläozoikums (Großstübing/ Wartkogel), Graz, Dipl.-Arb.
ZECHMEISTER, H. G. (1999), Zur Moosflora auf Bergbauhalden und anderen Schwermetallstandorten im Ostalpenraum – ein Überblick, Bryologische Forschung in Österreich, Abhandlungen der Zoologisch-Botanischen Gesellschaft in Österreich 30, 131-140.
ZECHMEISTER, H. G., PUNZ, W. (1990), Zum Vorkommen von Moosen auf schwermetallreichen Substraten, insbesondere Bergwerkshalden, im Ostalpenraum, Verhandlungen der Zoologisch-Botanischen Gesellschaft in Österreich 127, Wien, 95-105.
ZEIEN, Hermann (1995), Chemische Extraktion zur Bestimmung der Bindungsformen von Schwermetallen in Böden, Bonner Bodenkundliche Abhandlungen 17, Bonn.
ZEIEN, H. & BRÜMMER (1989), Chemische Extraktionen zur Bestimmung von Schwermetallbindungsformen in Böden, Mitteilungen der deutschen Bodenkundlichen gesellschaft 59/I, 505-510.

ZEIEN, H. & BRÜMMER (1991), Ermitlung der Mobilität und Bindungsformen von Schwermetallen in Böden mittels sequentieller Extraktionen, Mitteilungen der Deutschen Bodenkundlichen Gesellschaft 66/I, 439-442

Verwendete NORMEN:

DIN 19730, Extraktion von Spurenelementen mit Ammoniumnitratlösung
DIN ISO 11464, Probenvorbehandlung für physikalisch-chemische Untersuchungen
DIN ISO 13536, Kationenaustauschkapazität
DIN ISO 14670-1, DTPA-Auszug
ÖN L 1083, pH-Wert
ÖN L 1094-1, Ammoniumnitrat-Auszug
ÖN L 1094-2, Ammoniumacetat-Auszug

ANHANG

PFLANZE		Zn	Pb	Cu	Cd	Zitat
Agrostis stolonifera	Deutschnofen	434	**1100**	19	2	Punz et al. 1994
Alyssum ovirense	Hochobir	2983	**1966**	5	44	Sieghardt & Punz unveröff.
Alyssum wulfenianum	Raibl	1242	111	9	3	Punz unveröff.
Cardamine resedifolia	Ladurns	2750	29	22	18	Punz et al. 1994
Cardamine resedifolia	Telfer Weißen	1313	25	2	5	Punz et al. 1994
Cardaminopsis halleri	Schwarzenberg	**15148**	-	-	87	Punz unveröff.
Cardaminopsis halleri	Raibl	**14232**	207	10	11	Punz et al. 1993
Cardaminopsis halleri	Galmeikogel	**14143**	23	-	11	Punz unveröff.
Cardaminopsis halleri	Arera	**12400**	-	-	-	Ernst 1965
Cardaminopsis halleri	Hochobir	6120	19	-	-	Punz 1991
Cardaminopsis halleri	Hochobir	5320	112	12	190	Punz et al. 1993
Cerastium uniflorum	St. Martin	2610	790	47	28	Punz et al. 1995
Cerastium uniflorum	St. Martin - Seemoos	2560	845	26	32	Punz et al. 1990
Dianthus sylvestris	Arnoldstein	2260	41		4	Punz 1988
Epipactis atrorubens	Bleiberg	1370	660	-	-	Sieghardt 1987
Equisetum arvense	Deutschnofen	1924	140	8	2	Punz et al. 1994
Erysimum sylvestre	Bleiberg	5800	**1360**	7	53	Körber-Ulrich unveröff.
Euphrasia salisburgensis	Arera	4240	-	-	-	Ernst 1965
Linaria alpina	St. Martin - Seemoos	**11188**	**1833**	106	113	Punz&Wieshofer 1989
Linaria alpina	St. Martin	2342	284	14	12	Punz et al. 1995
Linaria alpina	St. Martin	1564	176	10	9	Punz et al. 1990
Linaria alpina	Hochobir	2325	**2569**	10	33	Sieghardt & Punz unveröff.
Minuartia gerardii	Bleiberg	5798	814			Sieghardt 1987
Minuartia gerardii	St. Martin	5586	**1963**	127	39	Punz&Wieshofer 1989
Minuartia gerardii	Jauken	5020	-	-	-	Ernst 1965
Minuartia gerardii	St. Martin - Seemoos	3004	724	26	37	Punz et al. 1995
Minuartia gerardii	Arera	2659	-	-	-	Ernst 1965
Minuartia gerardii	Bleiberg	2060	**1295**	6	57	Körber-Ulrich unveröff.
Scrophularia juratensis	Bleiberg	1505	425	-	-	Sieghardt 1987
Silene pusilla	Boden	1067	120	5	8	Punz et al. 1993
Silene rupestris	Cinque valli	1432	27	18	14	Punz&Wieshofer 1989
Silene rupestris	Ridnaun	1311	45	-	9	Punz 1988
Silene vulgaris	Raibl	3701	400	14	2	Sieghardt unveröff.
Silene vulgaris	Jauken	3532	295	25	11	Sieghardt unveröff.
Silene vulgaris	Jauken	4180	-	-	-	Ernst 1965
Silene vulgaris	Arnoldstein	2180	36	-	1	Punz 1988
Silene vulgaris	Terlan	1925	5	-	5	Punz 1988
Silene vulgaris	Hochkönig	34	-	238	-	Körber-Ulrich 1996
Stereocaulon alpinum	St. Martin	771	**5948**	132	12	Punz et al. 1990
Thlaspi caerulescens	Ramingstein	**16147**	47	4	6	Punz & Engenhart 1990
Thlaspi caerulescens	Ramingstein	**10394**	153	10	169	Punz et al. 1994
Thlaspi cepaeifolium	Raibl	**10953**	**1395**	8	25	Sieghardt unveröff.
Thlaspi cepaeifolium	Arnoldstein	7176	350	-	19	Punz 1988
Thlaspi cepaeifolium	Maglern	3775	288	4	10	Sieghardt & Punz unveröff.
Thlaspi minimum	Hochobir	6320	**1171**	24	140	Punz et al. 1994
Thlaspi minimum	Hochobir	2762	105	-	42	Punz 1991
Thlaspi minimum	Hochobir	1800	124	12	45	Punz & Maier 1999
Thlaspi rotundifolium	Tegestal	7538	8	6	8	Punz 1990
Thlaspi rotundifolium	Jauken	6512	589	28	32	Sieghardt unveröff.
Thlaspi rotundifolium	Lafatsch	2647	815	15	22	Punz et al. 1994
Viola dubyana	Arera	6480	-	-	-	Ernst 1965

Tabelle A.1: Hitliste mit Schwermetall-Gesamtgehalten in Pflanzenproben diverser Schwermetallstandorte

Schwermetallhalden (Dokumentation)

[Idealprogramm]

- Genaue **Standortsbeschreibung:**
  ÖK, geographische Länge/Breite, Seehöhe, Exposition, Charakteristik des Standorts, Vegetation der Umgebung, Auffälligkeiten/Besonderheiten)

- **Photographische Dokumentation** (des Standorts und der Vegetation):
  Überblicksphoto; Aufnahmequadrate „von oben; Einzelpflanzen

- **Florenliste:**
  allenfalls Aufsammeln und Herbarisieren unbekannter und kritischer Arten; Herbarmaterial von dominierenden Arten oder allfälligen Besonderheiten anlegen!
  Herbarisieren: „Frisch“ aufbewahren [Plastiksack], sobald wie möglich (abends) zwischen Lagen von saugfähigem Papier z.B. Zeitungspapier auslegen, eventuell nach 1-2 Tagen Zwischenlagen wechseln, solange bis trocken)

- **Pflanzensoz iologische Aufnahme** (sofern möglich und sinnvoll)

- **Aufsammeln von Pflanzenproben:**
  getrennt mindestens nach unterirdisch und oberirdisch, eventuell nach Blatt, Sproß, alt, jung Frischhalten bis zum Waschen (Plastiksäcke!). Reinigung im Idealfall unter fließendem H_2O_{dest}, auf jeden Fall vollständige Entfernung anhaftender Partikel. Bei Wurzel führt dies zu Problemen auf Grund des engen Konnex Boden-Wurzel (Die Entfernung anhaftender Partikel hat Priorität gegenüber dem Erhalt der Wurzelmasse.)

- **Aufsammeln von Bodenproben:**
  vorzugsweise im Wurzelbereich der Probepflanzen (im Zweifelsfall: einheitlich „spatentief‘)

- **Konservieren von Pflanzenproben:**
  in Alkohol, für Anatomie usw.

- **Aufsammeln von Samen:**
  ausgewählte Pflanzen

Aufsammeln von Tieren:
bevorzugt Evertebraten; Konservierung (Tötung durch Essigäther, zum Zweck der Bestimmung und Analyse. Reinigung nicht grundsätzlich notwendig)

Anhang A.2: Dokumentation von Schwermetallhalden

Tabellen A.3 - A.8: Analysenwerte

	Allgemeine Parameter					
Probe	pH-$CaCl_2$	pH-H_2O	Karbonat	$C_{organisch}$	Humusgehalt	C_{total}
A-Bod-1	4,12	4,53	0,0	10,6	10,6	15,7
A-Bod-2	4,90	5,28	0,0	3,0	5,1	8,1
A-Bod-3	3,86	4,27	0,0	25,1	43,2	31,1
A-Bod-4	5,06	5,57	0,0	5,9	10,2	10,6
A-Bod-5	4,34	4,86	0,0	5,0	8,6	12,6
A-Bod-6	3,89	4,55	0,0	33,3	57,3	38,3
A-Bod-7	6,92	7,44	15,2	1,0	1,7	5,6
A-Bod-8	6,10	6,41	0,8	2,1	3,7	6,6
A-Bod-9	6,24	6,44	3,1	14,6	25,0	21,4
A-Bod-10	7,30	7,50	9,3	2,6	4,5	8,4
R-Bod-1	6,80	7,23	27,5	0,3	0,5	2,7
R-Bod-2	6,30	6,43	3,1	29,2	50,2	34,6
R-Bod-3	6,83	7,11	30,7	1,8	3,1	4,7
R-Bod-4	4,54	4,97	0,0	40,5	69,7	46,2
R-Bod-5	6,40	6,46	25,3	0,5	0,9	1,7
R-Bod-6	7,04	7,30	23,0	2,1	3,7	5,7
R-Bod-7	6,50	6,71	3,3	21,4	36,7	28,2
R-Bod-8	7,19	7,47	6,1	2,7	4,6	9,0
R-Bod-9	4,72	5,03	0,0	12,7	21,8	18,9
R-Bod-10	4,70	5,14	0,0	3,2	5,6	9,8
			[in %]			

Wasserproben [in µg/l]			
Probe	Pb	Zn	Cd
A-Was-1	3,47	12,4	1,58
A-Was-2	2,34	23,5	2,22
A-Was-3	19,4	32,2	2,07
A-Was-4	14,0	102,7	6,45
A-Was-5	3,04	14,8	3,96

Umrechnungsfaktoren der Nährelemente (Reinelementform/Oxidform)

K_2O auf K: 0,83
K auf K_2O: 1,20

CaO auf Ca: 0,71
Ca auf CaO: 1,40

MgO auf Mg: 0,60
Mg auf MgO: 1,66

Fe_2O_3 auf Fe: 0,70
Fe auf Fe_2O_3: 1,43

	Ammoniumnitrat-Auszug [ppm]			Ammoniumacetat-Auszug [ppm]		
Probe	Pb	Zn	Cd	Pb	Zn	Cd
A-Bod-1	81,7	0,99	0,79	176	101	0,62
A-Bod-2	118	0,46	0,76	551	1,41	0,50
A-Bod-3						
A-Bod-4	52,0	1,16	1,02	302	67,6	1,62
A-Bod-5	58,8	0,61	0,88	73,7	16,3	0,64
A-Bod-6						
A-Bod-7	0,31	0,03	0,04	1,03	0,16	0,03
A-Bod-8	1948	1,54	26,7	5878	851	20,86
A-Bod-9						
A-Bod-10	2,24	0,03	0,17	82,7	0,11	0,32
R-Bod-1	248	8,65	5,40	878	1016	4,57
R-Bod-2						
R-Bod-3	17,4	0,40	1,80	676	998	5,40
R-Bod-4						
R-Bod-5	1183	2,00	6,79	2142	2634	5,29
R-Bod-6	3,15	1,42	0,13	14,5	70,6	0,90
R-Bod-7						
R-Bod-8	32,0	1,12	0,28	518	0,15	0,14
R-Bod-9						
R-Bod-10	5,84	4,78	0,41	6,18	10,9	0,26

	EDTA-Auszug [ppm]			DTPA-Auszug [ppm]		
Probe	Pb	Zn	Cd	Pb	Zn	Cd
A-Bod-1	848	585	0,71	1905	476	2,17
A-Bod-2	1072	274	0,81	2861	191	1,55
A-Bod-3						
A-Bod-4	1582	1338	1,80	3789	966	5,34
A-Bod-5	470	254	0,51	1012	198	1,48
A-Bod-6						
A-Bod-7	7,26	12,2	0,13	32,3	6,57	0,44
A-Bod-8	21110	14952	15,6	8718	4602	34,0
A-Bod-9						
A-Bod-10	51,6	22,7	0,16	41,2	8,61	0,68
R-Bod-1	1354	6129	3,18	3899	4530	8,70
R-Bod-2						
R-Bod-3	1779	10972	4,92	2956	6521	13,2
R-Bod-4						
R-Bod-5	6146	20275	4,46	5152	7576	6,84
R-Bod-6	230	1540	1,39	635	935	3,47
R-Bod-7						
R-Bod-8	298	44,5	0,17	625	13,1	0,49
R-Bod-9						
R-Bod-10	163	259	0,49	313	192	1,13

Probe	Nährelemente (Gesamtaufschluss) [in %]			
	K	Ca	Mg	Fe
A-Bod-1	0,29	0,22	1,25	9,76
A-Bod-2	0,29	0,26	1,85	10,60
A-Bod-3	0,23	0,42	1,39	5,90
A-Bod-4	0,26	0,50	2,18	11,40
A-Bod-5	0,26	0,41	11,53	12,79
A-Bod-6	0,30	0,54	0,75	2,66
A-Bod-7	0,27	1,12	2,72	10,26
A-Bod-8	0,30	0,21	1,99	15,21
A-Bod-9	0,31	0,99	1,21	7,69
A-Bod-10	0,29	3,60	1,08	10,60
R-Bod-1	0,25	2,95	2,09	12,28
R-Bod-2	0,32	1,87	2,03	2,71
R-Bod-3	0,30	2,45	4,57	9,60
R-Bod-4	0,29	1,08	0,43	1,28
R-Bod-5	0,30	1,46	1,49	9,72
R-Bod-6	0,20	1,99	1,62	9,58
R-Bod-7	0,21	0,96	0,88	4,91
R-Bod-8	0,20	1,15	1,28	10,90
R-Bod-9	0,20	0,52	1,00	9,31
R-Bod-10	0,21	0,33	1,30	12,09

Probe	Schwermetalle (Gesamtaufschluss) [in mg/kg Trockensubstanz]			Probe	Pb	Zn	Cd
	Pb	Zn	Cd				
A-Bod-1	3354	1119	2,8	A-Pfl -1	26,8	171	0,29
A-Bod-2	3628	970	7,5	A-Pfl -2	14,4	94,0	0,15
A-Bod-3	3709	1352	5,6	A-Pfl -3	3,39	70,9	0,15
A-Bod-4	5356	2136	6,1	A-Pfl -4	203	546	0,15
A-Bod-5	1668	1008	2,5	A-Pfl -5	266	524	1,78
A-Bod-6	531	525	8,6	A-Pfl -6	9,23	75,0	0,45
A-Bod-7	1087	527	2,0	A-Pfl -7	20,3	95,8	0,63
A-Bod-8	67490	19005	47,3	A-Pfl -8	3,00	122	0,02
A-Bod-9	2963	589	0,1	R-Pfl -1	15,2	420	1,18
A-Bod-10	773	500	1,8	R-Pfl -2	160	36610	1057
R-Bod-1	7950	12232	38,9	R-Pfl -3	424	12764	1324
R-Bod-2	3148	8115	44,6	R-Pfl -4	73,4	653	6,37
R-Bod-3	8979	15174	47,7	R-Pfl -5	27,2	1047	7,75
R-Bod-4	4104	8767	54,7	R-Pfl -6	7,09	212	3,42
R-Bod-5	22800	63711	196,2	R-Pfl -7	13,5	199	2,61
R-Bod-6	2005	2365	7,9	R-Pfl -8	26,2	503	1,45
R-Bod-7	1127	337	4,0				
R-Bod-8	2645	347	0,9				
R-Bod-9	902	487	0,2				
R-Bod-10	1286	539	11,7				

Halden des Bergbaurevieres Arzwaldgraben												
Halde	Rechtswert	Hochwert	Fläche in m²	Volumen in m³	Seehöhe in m	Typus	Status	Morphologie	Mineralogie/Petrologie	Risiko-potential	Nach-nutzung	Beprobung
01H	670057	233635	251	400	610	7	3	7	Grsf, Ssf, Schsf, K, Bar		4	
02H	670133	233662	506	800	580	7	3	7	Bar, Grsf, Ssf, Schsf, K, Q		4, 32	
03H	670243	233636	360	750	530	7	3	7, 1	Bar, Grsf, Ssf, Schsf, K	2, 3	32	
04H	670305	233703	948	1700	520	1	3	1	Gn, Sp, Py, Bar, Q, Grsf, Ssf, Schsf, K		32	GBA / BZI
05H	670321	233885	1671	8500	540	1	3	4, 5	Gn, Sp, Py, Bar, Q, Grsf, Ssf, Schsf, K	2, 3	4, 32	
06H	670379	233900	608	700	550	1	3	4	Gn, Sp, Py, Bar, Q, Grsf, Schsf, K		1,4	
07H	670405	233858	803	2000	575	1	3	6, 7	Gn, Sp, Py, Bar, Q, Grsf, K		2, 32, 4	
08H	670489	233907	96	300	600	7	3	7	Gn, Py, Q, Grsf		32	
09H	670491	233919	73	200	600	7	3	7	Gn, Py, Q, Grsf		32	
10H	670500	233928	63	200	600	7	3	7	Gn, Py, Q, Grsf		32	
11H	670510	233941	147	400	610	7	3	7	Gn, Py, Bar, Q, Grsf		32	
12H	670481	234072	980	3600	575	1	3	4, 5	Gn, Sp, Bar, Grsf, K	2, 3	4	GBA
13H	670513	234050	126	300	590	7	2	6, 7	Gn, Sp, Py, Bar, Q, Grsf, K		32, 4	
14H	670532	234052	379	2000	600	1	2, 3	6, 7	Gn, Py, Bar, Q, Grsf, K		4	
15H	670567	234045	448	2400	620	7	3	6, 7	Gn, Py, Bar, Q, Grsf, Schsf, K		2, 4	
16H	670591	234101	208	700	620	7	3	6,7	Bar, Q, Grsf, K		4	
17H	670646	234248	758	4500	650	1	3	4	Gn, Sp, Py, Bar, Q, Grsf, K		4	
18H	670696	234187	891	6000	700	1, 2	1, 2	6, 7	Py, Gn, Sp, Bar, Q, Grsf, Schsf		2, 4	GBA
19H	670738	234233	299	500	700	1, 2	1, 2	4, 6	Py, Gn, Sp, Bar, Q, Grsf, Schsf	1	2, 4	
20H	670817	234254	352	1500	730	7	3	6, 7	Gn, Py, Bar, Q, Grsf		2, 4	
21H	670798	234215	426	1500	720	7	3	3	Gn, Py, Bar, Q, Grsf		4	
22H	670960	234012	123	200	770	7	3	7	Bar, Q, Grsf, K		32	
23H	670941	233990	129	200	760	7	3	7	Bar, Q, Grsf, K		32	BZI
24H	670843	233957	473	2500	730	1	3	6, 7	Gn, Py, Bar, Q, Ssf, Grsf, K		4	GBA
25H	670885	233894	1299	12000	700	1, 2	3	3	Gn, Py, Bar, Q, Ssf, Schsf, Grsf, K		4	
26H	670785	233804	436	1400	640	7	2, 3	4, 6	Bar, Q, Py, Ssf, Grsf, K		4	

Halden des Bergbaurevieres Rabenstein												
Halde	**Rechtswert**	**Hochwert**	**Fläche in m²**	**Volumen in m³**	**Seehöhe in m**	**Typus**	**Status**	**Morphologie**	**Mineralogie/Petrologie**	**Risikopotential**	**Nachnutzung**	**Beprobung**
01H	671286	234116	181	300	820	7	3,2	6, 7	Gn, Bar, Ank, Ssf, Schsf, K		2, 4	
02H	671428	234211	589	1000	770	1	3	7	Gn, Bar, Ssf, Schsf, K	1	4	
03H	671545	234182	216	300	710	7	3	3	Gn, Py, Bar, Ssf, Schsf, K		4	
04H	671679	234284	455	1400	660	1, 2	3, 2	7	Gn, Bar, Py, Ssf, Schsf, K		4	
05H	671714	234271	805	4000	650	1	3	4	Gn, Bar, Q, Grsf, Ssf, Schsf, K		4	
06H	671764	234294	592	2500	630	1, 2	3	4	Gn, Sp, Py, Bar, Q, Ssf, Schsf, K		4	
07H	671814	234359	1882	12000	610	1, 2	3	4, 7	Gn, Sp, Py, Bar, Q, Grsf, Schsf, K	1, 2	4	
08H	671956	234489	2527	19000	580	1	3	3	Gn, Bar, Py, Q, Grsf, Schsf, K	1, 2	1, 35, 4	
09H	672053	234611	3996	27000	540	1, 2	3	4	Gn, Sp, Py, Bar, Q, Grsf, Ssf, Schsf, K	2, 3	1, 4	
10H	672272	234826	1885	7000	480	1	3	3, 7	Bar, Q, Grsf, Schsf, K	2	1, 2, 32	
11H	672306	234797	603	1000	470	7	3	4, 5	Gn, Bar, Q, Ssf, Schsf, K	2, 3	4	
12H	672503	234694	7615	30000	435	1, 41	1, 3	1	Gn, Sp, Py, Bar, Q, Grsf, Ssf, Schsf, K		4	GBA / BZI
13H	672384	234660	119	300	470	7	3	7	Bar, Q, Ssf, Schsf, K		4	

• **Rechtswert, Hochwert**
Bundesmeldenetz

• **Typus**
1 Vortriebshalde (erzarm)
2 Abbauhalde, Hauwerk (erzreich)
3 Reicherzhalde, Erzsturz
4 Aufbereitungs-/Pochhalde
41 Aufbereitungsabgänge
42 Aufbereitungskonzentrat
5 Schlackenhalde
6 Mischhalde (Hangschutt/Bergbauhalde)
7 Haldenmaterial (nicht spezifiziert)
8 Abraumhalde

• **Status**
1 freiliegend
2 angeschnitten
3 verdeckt
4 unbekannt

• **Morphologie**
1 Talboden
2 Terrasse
3 Mulde
4 Graben
5 Bach-/Wegufer
6 Straßen-/Wegböschung
7 Hang

• **Mineralogie/Petrologie**
Ank .... Ankerit
Bar .... Baryt
Gn .... Galenit
Grsf .... Grünschiefer
K .... Karbonat
Py .... Pyrit
Q .... Quarz
Schsf .... Schwarzschiefer
Sp .... Sphalerit
Ssf .... Serizitschiefer

• **Risikopotential**
1 Rutschung
2 Erosion
3 Geschiebepotential aus Halde
4 Setzungspotential

• **Nachnutzung**
1 bauliche Nutzung
2 Verkehrsfläche
3 landwirtschaftliche Nutzfläche
31 Ackerland
32 Grünland
33 Alpines Grünland
34 Gartenfläche
4 Forstwirtschaftliche Nutzfläche
5 Ödland
6 Rohstoffnutzung
7 Sonstige Flächen
71 Erholungsflächen
72 Deponiefläche, Müllablagerung

• **Proben**
GBA = Geol. Bundesanstalt
BZI = Bodenzustandsinventurr des Landwirt. Versuchszentrums Stmk

01H	-
02H	verstürzter Schacht
03H	Haldenfuss reicht bis zum Arzbach, bei Hochwasser ist Materialabtrag möglich
04H	Halde des ehem. Erbstollens (Anton-Stollen); laut Auskunft von Mag. Bimeshofer (Institut für Geographie, Universität Graz) war die Halde wesentlich größer. Das Material wurde jedoch in den 70-iger Jahren teilweise abgebaut und für den Wegebau verwendet.
05H	Halde des ehem. Glückaufstollens (verstürzt). Durch die Lage unmittelbar am Haneggerbach (Kohlbach) kommt es bei Hochwasserführung zu Materialabtrag am Ostfuß. Die Halde wurde in den 50-iger Jahren mit Inertmaterial abgedeckt.
06H	Halde des ehem. Glückaufstollens (verstürzt), unmittelbar nördlich der Halde befindet sich das ehemalige Knappenhaus.
07H	Halde des ehem. Josefistollens (Mundloch offen).Der planierte Haldentisch dient zum Teil als Umkehrplatz für Fahrzeuge.
08H	-
09H	-
10H	-
11H	-
12H	Halde des ehem. Johann-Nepomuk-Stollens (Mundloch durch Wegebau verschüttet). Alte Wasserfassung unterhalb des südlichen Haldenfusses. Durch die Lage am Haneggerbach (Kohlbach) kann es bei Hochwasser zu Materialabtrag kommen.
13H	Kleine Halde unmittelbar am Waldrand, durch neuen Forstweg angeschnitten. Haldenmaterial wurde als Schüttmaterial verwendet.
14H	Halde im untersten Bereich durch neuen Forstweg angeschnitten, Haldenmaterial in der Straßenschüttung.
15H	Zufahrtsweg zum Grabenbauer führt über den Haldentisch, Nutzung als Holzlagerplatz.
16H	-
17H	-
18H	Die Halde des unbenannten Einbaues wurde im Zuge der Errichtung eines Forstweges im unteren Drittel angeschnitten. Haldenmaterial wurde für die Straßenschüttung verwendet. Die Halde weist eine auffallend geringe Vegetationsbedeckung auf.
19H	Die Halde des unbenannten Einbaues wurde im Zuge der Errichtung eines Forstweges bis auf geringe Reste abgebaut (Schüttmaterial)
20H	Forstweg führt über den Haldentisch, Haldenmaterial wurde teilweise als Schüttmaterial verwendet.
21H	-
22H	Halde durch landwirtschaftliche Nutzung weitgehend eingeebnet, gut entwickelte Bodenauflage.
23H	Halde durch landwirtschaftliche Nutzung weitgehend eingeebnet, gut entwickelte Bodenauflage.
24H	Forstweg führt über den Haldentisch, Mundloch des Einbaues verschüttet.
25H	Halde des ehem. Oberen Grabbauerstollens (verstürzt), alte Wasserfassung am Haldenfuß (trocken), kleiner Quellaustritt 20 m talabwärts.
26H	Forstwege queren Haldentisch und Haldenfuss Haldenmaterial als Schüttmaterial. Kleines Gerinne durchsickert die Halde.

Halden des Bergbaurevieres Arzwaldgraben

01H	Halde des ehemaligen Ramischachtes (verstürzt)
02H	Halde des ehemaligen Ramistollens (verstürzt), Böschung verrutscht.
03H	Zwei kleine zusammenhängende Haldenkörper, mehrere kleine Wasseraustritte im Nahbereich.
04H	Halde durch neuen Forstweg angeschnitten.
05H	Halde des ehemaligen Dreierstollens (Mundloch offen, Versturz nach wenigen Metern), Gerinne versickert im Bereich des Haldentisches.
06H	Halde des ehemaligen Dreierstollens
07H	Halde des ehemaligen Neuen Kreuzstollens (verstürzt), bis 15 m hohe Haldenböschung mit Erosionsrinnen und kleinräumigen Rutschungen, Quellfassung 20 m südlich.
08H	Halde des ehem. Wetterstollens (verstürzt), Aktuelle Nutzung des ehemaligen Knappenhauses am Haldentisch als Wochenendhaus; Hausgarten. Erosionsrinnen und kleinräumige Rutschungen im Bereich der steilen Böschung, Wasserfassung am Böschungsfuß.
09H	Halde des ehem. Mayerhofer-Stollens (verstürzt). Am Standort des ehem. Knappenhauses befindet sich das Kinderheim Don Bosco. Ein Teil des (planierten) Haldentisches wird als Spiel- und Sportplatz verwendet. Eine einfache Wasserfassung befindet sich im Bereich des Stollenmundloches, eine weitere am Haldenfuß. Bei Starkniederschlägen kommt es am SO-Fuß der Haldenböschung zu kleineren Anbrüchen infolge von Hangunterschneidung.
10H	Hofgebäude unmittelbar nördlich der Halde, (planierter) Haldentisch wird als Umkehr- und Lagerplatz genutzt, die Böschung als Schafweide (Viehtritt). Wasserfassung im Bereich des verstürzten Stollenmundloches.
11H	Bei Starkniederschlägen kann es durch das vorbeifliessende Gerinne zu kleineren Abbrüchen infolge von Hangunterschneidung kommen.
12H	Halde des ehem. Murstollens (verstürzt) und Halde der ehem. Aufbereitungsanlage. Die steile Ostböschung der Halde ist im Bereich nördlich der Aufbereitungsanlage ohne Vegetationsbewuchs. Mauerreste der Aufbereitungsanlage sind im Wald westlich des Parkplatzes des Schlosses Rabenstein erhalten. Das aus dem Murstollen austretende Wasser versickert am westlichen Haldenfuss.
13H	-

Halden des Bergbaurevieres Rabenstein